cocoriang

Marshmallow

全高不到10cm的迷你動物娃娃cocoriang，
散發著無限可愛的魅力，所以我們推出了第2次的特輯。
超受歡迎的插畫家MAKI，
繼Hug me Poi之後，又將精心塑造哪個娃娃呢…？

Dollybird Limited

Marshmallow Groomy

插畫家MAKI最新欽點的娃娃正是垂耳兔「Groomy」，
而cocoriang造型團隊則完整重現他描繪的設計圖，
創作主題為棉花糖，讓人好想將Groomy耳朵捲起來！
產品還附有MAKI設計的紙藝手作，
可以將包裝盒變身成娃娃的房間，充滿趣味巧思。
「Marshmallow Groomy」為Dollybird限定接單生產的娃娃。

▲ Marshmallow 娃娃的專用眼珠有標誌性的心型圖案。

▲尾巴和耳朵用磁鐵接合，頭上的棉花糖則用白膠接合。

▲頭上的棉花糖色調和包包的珠鍊色調完美契合，MAKI 的配色令人驚嘆！

MAKI設計的Groomy娃娃特色是，表情柔和宛如棉花糖的Sweet臉型，
還有形似蓬鬆雲朵般扭轉的耳朵，不論哪個部分都是全新創作。
臉型和耳朵色調的細微差異則是另一個特色。
娃娃的大小完全能收納在口袋中，讓大家能天天攜帶出遊。
帶娃娃回家後，別忘了好好裝飾Groomy的房間！

※照片為樣品，可能和實際產品有所不同。

design by MAKI

▲這是MAKI描繪的設計圖。為了突顯扭轉的耳朵和頭上的棉花糖，衣服設計得較為簡單。

價格

49,500 日圓
（本體價格 45,000 日圓）

申購截止日

2023年2月28日（二）

商品寄送日

預定2023年10月～11月

※訂單量較大時，可能會有延遲寄送的情況。在確定寄送日後，我們會以電子郵件通知您。若您的地址有所變更，敬請至線上商店的我的頁面更改資料。

▲ MAKI 設計的超可愛房間（祭壇？）。善用包裝盒，同時愛護地球！

Marshmallow Groomy

● 49,500日圓（本體價格45,000 日圓）
● 接單期間／2022年12月14日～2023年2月28日
● 預定寄送時間／預定2023年10月～11月
● 販售廠商／Hobby JAPAN
● 製造廠商／cocoriang
● 全高／約8cm
● 材質／聚氨酯鑄造、磁鐵、玻璃、棉等
● 概念設計／MAKI

● 內容／Groomy本體（糖果粉紅）、妝容完成的「Sweet」臉型、扭轉耳朵零件、棉花糖零件、服裝、棉花糖包包、娃娃眼珠、白丁膠、紙藝手作

請連結至「Hobby JAPAN線上商店」申購。

http://hobbyjapan-shop.com

第一次至線上商店購物者，請先註冊會員。

【商品洽詢】
● 本商品相關洽詢敬請聯絡
株式會社Hobby JAPAN通訊販賣部
電子郵件：shop@hobbyjapan.co.jp

【購物相關注意事項】
○適齡對象為15歲以上。○本商品寄送與服務僅限於日本國內。○原則上寄送地址請填寫申購本人可收件的地址。○每人最多申購2個娃娃。○本商品須預先全額付款。○關於付款方式，可選擇至便利商店預先支付或信用卡付款。○申購後若未收到確認郵件，郵件可能因為電子郵件服務供應商的設定，移動至垃圾郵件資料夾，或是填寫的郵件地址有誤。若找不到郵件，請洽【商品洽詢】。○為了避免作業程序產生問題，請保存已收到的確認郵件直到收到商品。○超過申購截止日，不論任何原因，一律視為無效。即便顧客未能於截止日前申購，恕不受理本刊物的退貨。

【退換貨相關事宜】
○關於本刊的通訊販售相關洽詢請聯絡Hobby JAPAN。○若收到非訂購的商品或商品有破損，將以換貨的方式處理。詳情請查閱收件中的書面說明。○此為接單生產的商品，所以恕不接受不良品以外的退貨與訂單取消。○因為顧客本身的疏失導致下錯訂單，或製造上包括包裝內的盒箱、搬運用的紙箱、緩衝物的替換有無法避免的損傷等，經過判斷屬於不可退貨的商品，恕本公司不接受退貨、取消訂單、換貨等處理。○換貨程序的受理期間為商品到貨後的1週內，所以到貨時請務必確認商品內容物。超過受理期間，恕不接受換貨的要求。

cocoriang catalog

2019-2022

Chico　Mocka　Niya　Cheeriya

Tobi　Poi

cocoriang的Pet娃娃皆是全高不到10cm的迷你球體關節娃娃。
鑄造的身體除了利用彈力橡皮筋連接擺出各種姿勢之外，
臉型、尾巴、耳朵都是用磁鐵接合，娃娃組裝簡單令人愛不釋手。
2019年「Dollybird Taiwan vol.02」特輯中就已經增加了6種動物！

Mocka

繼超受歡迎的Tobi之後，廠商於
2017年4月再次推出第2波娃娃
Mocka，題材為貓咪，身體可
選擇Animal和Fairy。臉型只有
OPEN和CLOSE兩種，全高為
7.8cm。

這是此系列第一波推出的娃娃，
誕生於2016年9月，題材為兔子。
耳朵可以轉動，能夠呈現多種姿態。
身體可以選擇小腿較長的Animal Body
或是較短的Fairy Body。全高為7.5cm
（包括耳朵則為9cm）。

Tobi

Gray Tobi
發售時間：2022年8月
膚色：灰色
▲這款限定娃娃以淡灰
色膚色搭配粉紅色的
妝容，相當受到大家的
歡迎，而多次重新販
售，照片中的娃娃使用
SMILING臉型。

King Tobi
-Reorder-
發售時間：2021年2月
膚色：黑色
◀這是為了回應大眾對
2017年限定發售款King
Tobi的喜愛而再次推出的娃
娃。這次將手、腳、耳朵的
塗裝都設計成金色，讓娃娃
散發閃閃發亮的光采，還有
服裝套組供大家選購。

Cheeriya

2017年6月發表的
第3波娃娃為Cheeriya，題材為松鼠。
耳朵小巧可動，身體也可以選擇，
但是因為尾巴較大，搭配Fairy Body
較難取得整體比例的協調，全高為
7.3cm。

Cheeriya
Pastel Pink
發售時間：2021年7月
膚色：粉彩粉紅
▶這個娃娃使用Fairy
Body，可選擇的配件有
蘑菇裝、橡實包包和瀏
海，連尾巴的條紋都是
粉紅色，超級可愛。

Cheeriya
Pastel Blue
發售時間：2021年7月
膚色：粉彩藍
▲臉型除了照片中
的OPEN，還可選擇
WINK和CRYMING，
身體則使用Animal
Body。

Whiteday Special Tobi
發售時間：2022年3月
膚色：奶油白
◀膚色：奶油白
這款Tobi的造型特殊，
不但在耳朵添加糖果色
彩，連頭頂都有Honey
瀏海。這是2022年白色
情人節的限定娃娃，以
抽選的方式販售。

Lavender Tobi
發售時間：2021年11月
膚色：薰衣草紫
◀廠商推出了色調較深的
薰衣草紫Tobi，還有豐富
的選購配件，包括設計成
小紅帽的服裝、瀏海等。

Mint Poi
發售時間：2021年9月
膚色：薄荷綠
▶Mint Poi的水藍色身體帶有一點點的綠色，還配上了短短的白色麻呂眉毛，討喜又可愛。臉和Hug me Poi一樣，只有Sweet臉型。

Poi誕生於Tobi推出的1年後，以初代Fairy Body的身體規格擺出的姿勢相當可愛，又方便換裝，成了熱門商品。還誕生了非常多款的限定娃娃，例如Dollybird Taiwan vol.02的限定娃娃「Hug me Poi」。全高8cm（包括耳朵則為8.4cm）。

Pierrot Poi
發售時間：2019年12月
膚色：蜂蜜黃
◀這款Pierrot Poi在蜂蜜黃色的肌膚呈現橘色的妝容，照片中的娃娃使用SLEEP臉型，造型亮點在於只有左耳為白色。

Panda Poi -Reorder-
發售時間：2021年2月
膚色：奶油白&黑色
◀因應大眾的要求，再次推出了2018年販售的Panda Poi！這次還在耳朵添加了星星圖案，腳底的肉球色也成了造型亮點。

廠商於2019年推出了以狐狸為題材的Niya。在日本受到喜愛的程度僅次於Poi。有尖爪的手腳和大大的尾巴都很讓人著迷，不過尾巴做得比Cheeriya輕巧，所以更能自由擺動姿勢，全高為9.2cm。

Gray Niya
發售時間：2020年12月
膚色：灰色
▶灰色肌膚的Niya有兩款，分別是耳朵邊緣為黑色的娃娃，和耳朵邊緣為白色的娃娃。黑色款的特色是手腳的尖爪也是黑色。此外，還有販售附帽子的特殊套組。

Orange Niya -Reorder-
發售時間：2022年3月
膚色：橘色
▶再次登場的Orange Niya，以大片的瀏海選購配件提升帥氣度。怪盜服裝套組和面具的選購配件也很受到大家的歡迎。

Pierrot Niya
發售時間：2019年12月
膚色：奶油白
◀這款Pierrot Niya身上有色彩鮮明的黃色和粉紅色，還搭配了左右眼不同顏色的異色瞳，以及可以選購的小丑裝。臉型有兩種選擇，分別為OPEN和CLOSE。

2019年的聖誕節，Poi畫上虎斑成為Hoi正式登場。尾巴沿用了Moco的設計，變身成貓科動物。全系列都是限定商品，目前尚未推出可一般購入的娃娃。全高8cm（包括耳朵則為8.4cm）。

Latte Brown Hoi
發售時間：2022年1月
膚色：拿鐵棕
▼這款Hoi娃娃為淺棕色膚色搭配深棕色虎斑，同樣附有可替換成Moco和Poi的尾巴。服裝套組的設計概念則來自華生的造型。

Hoi 1st
發售時間：包括2021年4月等時間
膚色：奶油白
▲這款Hoi娃娃是裝扮成白色老虎的Poi，是偶爾現身於聖誕節或愚人節等節日的稀有角色，附有綠色的貓咪眼珠。

Pebble Gray Hoi
發售時間：2022年1月
膚色：卵石灰
▲這款Hoi娃娃為藍灰色膚色搭配黑色虎斑。除了有Moco的尾巴，還附贈了Poi的尾巴。而福爾摩斯的服裝套組還配有放大鏡。

Chico娃娃誕生於Poi發售的隔年，是個胖胖的小倉鼠。唯一可惜的地方是身體太過圓滾滾，無法和其他的Pet娃娃交換服裝穿搭。全高為7cm（包括耳朵則為8cm）。

Moco

2020年的夏天，第2波以貓咪為題材的娃娃Moco誕生了。因為是垂耳貓，相較於Mocka，臉顯得較小。身體有兩種選擇，而且Mocka和Moco的身體可以互換。全高為8cm。

Creamcorn Moco
發售時間：2020年7月／膚色：奶油玉米色
這款Moco為米色身體，鼻子周圍則為白色，可以選擇Fairy的Moco身體或Animal的Mocka身體。

Karr

烏鴉Karr娃娃不論是身體尺寸、結構或機關等都和過往風格截然不同，而引爆話題。全高為6.5cm。

Karr
發售時間：2020年11月
膚色：黑色
腳和翅膀都可以滑動拉開。

Daksae

以隨行動物角色登場的Daksae，於2021年2月成為正式銷售的商品。全高為4.7cm。

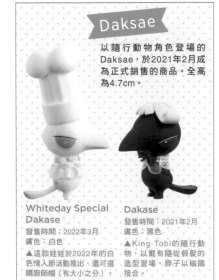

Whiteday Special Dakase
發售時間：2022年3月
膚色：白色
▲這款娃娃於2022年的白色情人節活動推出，還可選購廚師帽（有大小之分）。

Dakase
發售時間：2021年2月
膚色：黑色
▲King Tobi的隨行動物，以戴有隨он假髮的造型登場。脖子以磁鐵接合。

Arno

2020年的春天，以小狗為題材的Arno誕生了。雖然體型嬌小，但是耳朵以磁鐵接合而能變換角度，呈現出不同的樣貌。Smile和Close的臉型都是吐舌的表情，超級可愛。全高為8.5cm。

Gray Arno
發售時間：2022年7月
膚色：灰色
▲紅通通的雙頰和白色短短的麻呂眉，讓灰色的Arno倍加可愛。選購配件中的長靴，非常適合搭配雨衣斗篷服裝套組。

Cheese Arno
發售時間：2020年4月
膚色：起司色
◀Cheese Arno在偏橘色的黃色調身體添加了白色。選購配件中的松果服裝套組顯得活潑又淘氣。

Indy

2020年9月以小鹿為題材的Indy和四足行走的Shifty同時亮相。頭上的角為固定接合，耳朵為可動設計，尾巴則以磁鐵接合，手腳都為蹄型。限定娃娃中有販售不同形狀的頭角和尾巴。全高為8.4cm（包括耳朵為9.6cm）。

Mocha Brown Indy
發售時間：2020年9月
膚色：摩卡棕
▲這款Indy以棕色身體為基礎，耳朵和眉間為焦茶色，嘴巴周圍添加了白色，角為白色。鈴鐺搭配南瓜褲的造型套組，讓娃娃顯得更加俏皮。

Halloween Indy
發售時間：2021年10月
膚色：橘色
▲萬聖節限定的Indy娃娃，鮮明的橘色肌膚搭配黑色的耳朵和手腳末端。角和尾巴都變成小惡魔的造型，還可以選購翅膀和槍等配件。

Groomy

2021年4月以垂耳兔為題材的Groomy正式登場。耳朵以磁鐵相接，所以可以夾住頭飾，還可前後、上下相反配戴。全高8cm。

Peach Groomy
發售時間：2021年4月
膚色：蜜桃色
▲Peach Groomy在偏橘色的粉紅色膚色，塗上淡淡的陰影色調。大片的瀏海為選購配件，衣服還搭配有緞帶包包。

Peach Groomy Special Set
發售時間：2021年4月
膚色：蜜桃色
◀膚色為蜜桃色的特殊款Groomy，妝容和服飾都是特殊規格。服裝添加了紅色和金色的點綴色，耳朵還有花朵頭飾。

Crail

2019年的夏天，第一個四足娃娃——獨角獸Crail正式發售。尾巴和帶角的瀏海以磁鐵接合。一般版娃娃的小腿和蹄為一體成型，而限定版娃娃則是分開的零件結構。全高為8cm（包括耳朵則為9.8cm）。

Rose Meringue Crail
發售時間：2022年5月
膚色：檸檬威風
◀Meringue Crail擁有南國鳥類的鮮麗色調，臉型有OPEN和CLOSE兩種，選購配件除了有角和服裝之外，還有半透明的翅膀。

Purple Aurora Crail
發售時間：2019年8月
膚色：白色
▲蹄和尾巴為透明紫，可選購的角為透明黃，上面還有閃亮亮的塗裝。翅膀則用白膠接合。

Shifty

2020年9月以小鹿為題材的Shifty正式登場。
這是第2波四足娃娃商品，與雙腳行走的Indy同時發售。
Shifty和Crail一樣，一般版和限定版娃娃的腳蹄零件結構不同。
全高為10.2cm（包括角則10.2cm）。

Sapphire Shifty
發售時間：2021年12月
膚色：淡藍色
◀Sapphire Shifty擁有神秘的肌膚色調，並且搭配了白色睫毛，還有雪花結晶吊飾和彩色亮片緞帶等選購配件。

White Shifty
發售時間：2020年9月
膚色：白色
◀這款娃娃為白色肌膚搭配透明綠的角和蹄。耳朵用橡皮筋連接成可動設計，角則是固定接合。還有一個特點是較細長的眼型。

Mocha Brown Shifty
發售時間：2020年9月
膚色：摩卡棕
▲此款限定版Shifty娃娃，摩卡棕的肌膚搭配透明紫的角和蹄。照片中的娃娃使用SLEEP臉型，附贈的頭髮零件則以白膠接合。

Phoja

連動物們都好奇感興趣！
新款發售的Phoja
是磨菇精靈！

Phoja
發售時間：2021年11月
◀Phoja的蘑菇斗笠和雙腳為橡皮筋連接而成的可動設計，能活動擺出動作。全高為12cm。

Whiteday Sepcial Phoja
發售時間：2022年3月
▶Phoja變身成象徵白色情人節的可愛甜點。斗笠的裝飾由Projectdelta所設計，瀏海是用藍丁膠接合。

Shoo Moo Oom

這是與Phoja同時登場，
但是小一號的蘑菇精靈，
分別是Shoo、Moo、Oom。

Shoo & Moo & Oom
發售時間：2021年11月
斗笠由半透明的材質製作，呈現出微妙的真實感。全高分別為7.7cm、9.7cm、6.7cm。

cocoriangs'
Fancy Ears Dress Party !!!

cocoriang的動物們齊聚一堂，
在時尚的Tobi裁縫店可愛變裝。
在奇妙的Poi髮型屋變換耳朵!?
夢幻般的可愛變裝派對就此開始。
Kurona的耳帽、BABYDOW的服裝，
讓原本就迷人的娃娃，更加魅力四射。

model：cocoriang　耳帽：Kurona（＊HeartDrops＊）
dress：BABYDOW　eye：星空工房

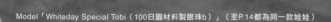

Model「Whiteday Special Tobi（100日圓材料製眼珠b）」（至P.14都為同一款娃娃）

8

理髮師小熊的第一位客人，是很適合粉紅色熊耳的Hoi。Poi店長和助手戴的耳帽，也使用相同的「第一頂熊耳帽」紙型，使用不同的布料就會呈現不同的分量感。

Model 在「Honey Hermit Poi」中「Latte Brown Hoi（"月亮之城與天空之城"眼珠）」右「Poi」耳帽「#Poi 娃娃的第一頂熊耳帽」紙型與作法刊登→P.18

粉彩色調的Cheeriya穿上
爆米花洋裝造型！不論是
Fairy還是Animal的身體都
適穿。頭上還有爆米花裝
飾，俏皮迷人。

小鳥帽沿用了本書刊登的「第一頂熊耳帽」。設計上少了耳朵，但添加了皮革鳥嘴和圓珠眼睛，並且用相同布料製作翅膀，完成整體設計！

BARE
こぐ

Model上「Mint Poi」左「Peach Groomy（個人收藏的眼珠）」右「Pierrot Poi」
耳帽「Poi娃娃的小鳥帽」

華夫格布料製成的連身裙，
配上美味的巧克力淋醬斗
篷。斗篷只要剪下羊毛氈黏
上即可，充滿手作的樂趣！

Model上「Gray Niya（"星星譜寫的古書"眼珠）」左「Creamcorn Moco（100日圓材料製眼珠h）」中「Mocha Brown Indy（100日圓材料製眼珠i）」
服裝「華夫格鬆餅&淋醬洋裝」紙型與作法刊登→P.22

Kurona過去作品中令人驚豔的殭屍兔，伴隨著侍從圓耳狗齊身亮相。服裝則是Pantalgic-mimi的作品。

Model左「Pierrot Poi」中「Hoi 1st（100日圓材料製眼珠a）」右「Cotton Candy Poi」
耳帽左右「Poi娃娃的美容犬耳帽」中「Poi娃娃的殭屍兔耳帽」

接著Poi娃娃下決心裝扮成行
進樂隊的造型，或許是搭配
了KAOTSUKI Ver.的熊耳帽，
相較於一般的樂隊形象，更
顯有些無精打采⋯⋯？

Model中「Mint Poi（100日圓材料製眼珠g）」右「Creamcorn Moco（"星星譜寫的古書"眼珠）」
耳帽「#Poi娃娃的第一頂熊耳帽（KAOTSUKI Ver.）」
服裝「行進樂隊服裝套組」紙型與作法刊登→P.24

大麥町狗耳帽也是沿用了本書刊登的「第一頂熊耳帽」紙型。耳朵用表布和裡布貼合製成。大麥町狗耳帽因為女兒「大麥町就要配紅色」的建議,而使用紅色緞帶。

Model上「Gray Arno」左「Arno」中「Arno(“星星譜寫的古書”眼珠)」右「Cheese Arno」
耳帽「Arno娃娃的大麥町狗耳帽」

Model上段「Latte Brown Hoi（「月亮之城與天空之城」眼珠）」「Lavender Tobi」／中段「Mint Poi」「Pierrot Poi」／下段「Creamcorn Moco（100日園材料製眼珠h）」「Gray Niya（"星星譜寫的古書"眼珠）」
耳帽上段「Poi娃娃的松鼠耳帽」「Tobi娃娃的花冠」／中段「Poi娃娃的鼠耳帽（藍色／粉紅色）」／下段「Moco娃娃的貓耳帽」「Niya娃娃的北極狼耳帽」
服裝P17上段「行進樂隊服裝套組」／P16中段「爆米花洋裝」／下段「華夫格鬆餅&淋醬洋裝」

熊變兔？兔變羊？
cocoriang動物們的可愛變裝派對成了一
場惡夢，不論娃娃、耳帽，還是服裝都越
變越多，娃娃也變得加倍可愛。總算理解
為何傳聞中cocoriang為娃娃界數一數二
讓人深陷其魅力的娃娃，果真名不虛傳。
在特輯尾聲還會為大家介紹星空工房的手
作樹脂眼珠，而且會出現在本刊的各處，
也請大家仔細找找位在何處！

Model上段「Mocka（100日圓材料製眼珠）」「Cheeriya Pastel Pink（100日圓材料製眼珠c）」「Mint Poi（100日圓材料製眼珠g）」「Hug me Poi（"星星譜寫的古書"眼珠）」
　　下段「Groomy（100日圓材料製眼珠）」「Peach Groomy（「星星譜寫的古書」眼珠）」「Pebble Gray Hoi」「Cotton Candy Poi」
耳帽上段「Mocka娃娃的狼耳帽（哈密瓜色）」「Cheeriya娃娃的小熊貓耳帽」「Poi娃娃的兔耳帽（薄荷綠／黃色）」
　　下段「Groomy娃娃的貴賓狗耳帽」「Groomy娃娃的羊耳帽」「Hoi 娃娃的虎耳帽」「Poi娃娃的貓耳帽」

#Poi娃娃的
第一頂熊耳帽

by Kurona（＊HeartDrops＊）

頻繁出現在特輯介紹的手縫熊耳帽樣式。
P11 的「小鳥帽」、
P14 的「KAOTSUKI Ver.」、
P15 的「大麥町狗耳帽」
都是這款紙型的改版。

Size for Poi, Mocka, Cheeriya, Arno, Moco, Groomy

Material（長×寬）

☐ 短絨布（表布）：30cm × 20cm
☐ 薄細棉布（裡布）：20cm × 10cm
☐ 9mm棉緞帶：30cm

4.

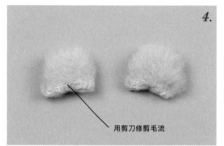

用剪刀修剪毛流

將縫份多餘的絨毛剪短後，將耳朵翻回正面。

5.

在本體打褶的縫份剪出牙口。

1.

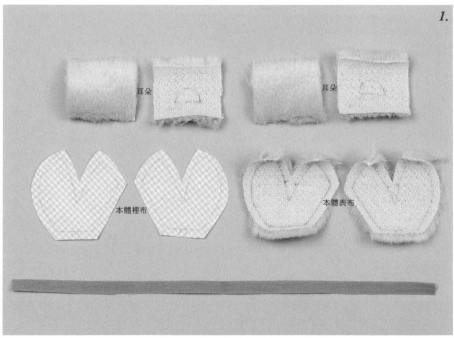

耳朵　　耳朵

本體裡布　　本體表布

留意布料的毛流方向並且描繪紙型，除了耳朵以外的其他部件，都保留縫份後裁切。裡布以斜紋方向剪裁，並且在布料邊緣塗上防綻液。緞帶大約準備30cm的長度。

6.

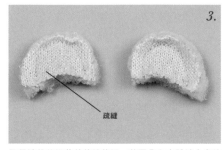

耳朵

本體（正面）

將步驟4的耳朵放在本體表布的打褶處，依照紙型標記的★標示和★標示對齊，並且注意方向，然後先在縫份內側疏縫。

3.

疏縫

保留縫份後沿著剪裁線裁切。若耳朵和本體縫合處的內側圓弧完成線不明顯，先用顏色醒目的縫線疏縫。

2.

粗裁下的耳朵（反面）

大概剪下左右耳朵的部件，保留多餘的布料，對齊毛流方向後正面重疊，並且沿著外側圓弧的完成線縫合。

15.

保留返口並且沿著完成線縫合。

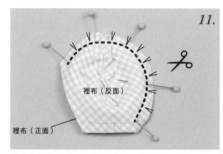

11.

裡布（反面）

裡布（正面）

將左右邊的裡布正面相對重疊，留下帽口和臉部該側後縫合，並且在縫份的弧線部分剪出牙口。

7.

本體（反面）

本體打褶處正面相對，夾住耳朵後縫合。

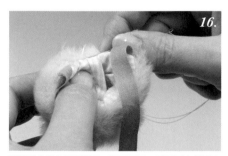

16.

將絨毛布料和緞帶從返口翻回正面，再用弓字縫縫合返口。

12.

裡布（正面）

將縫份用熨斗燙開，使摺線更明顯後，翻回正面。

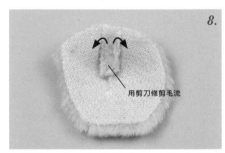

8.

用剪刀修剪毛流

將本體往正面翻，並且將縫份燙開。由於不能用熨斗熨燙絨毛，所以用手指將絨毛撫平，建議先將縫份的絨毛毛流修短。

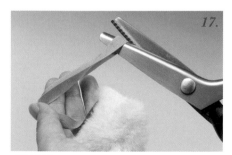

17.

緞帶對摺剪開，並且在裁切邊緣塗上防綻液。

13.

將緞帶放在本體的帽口，先疏縫在縫份內。在緞帶連著的狀態下，另一邊也以疏縫固定。

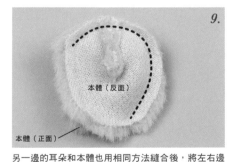

9.

本體（反面）

本體（正面）

另一邊的耳朵和本體也用相同方法縫合後，將左右邊的本體正面相對重疊，留下帽口和臉部該側後縫合。

18.

觀看整體毛流的長短多寡後修剪絨毛，用刷毛器和梳子梳裡塞入縫線的絨毛，附耳朵的帽了即完成。

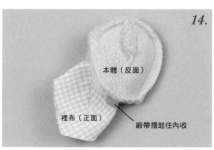

14.

本體（反面）

裡布（正面）

緞帶摺起往內收

先將緞帶收進本體內側後，將表布和裡布正面相對。

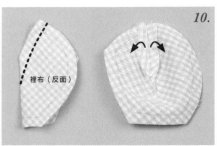

10.

裡布（反面）

將裡布打褶處正面相對摺起縫合後，往正面翻並且燙開縫份。另一邊也用相同方法縫合。

How to make

爆米花洋裝
by BABYDOW

這是cocoriang娃娃尺寸的服裝製作初級篇，
宛如紙藝手作般就可完成的爆米花洋裝。
服裝重點在於如爆米花桶般的方形輪廓。

Size for cocoriang fairy body & animal body

Material（長×寬）

- 條紋被單布：15cm × 10cm
- 15mm寬貝殼蕾絲：10cm
- 4mm圓珠：1顆
- 布襯：適量
- 手繪紙板裝飾或燙布貼等
- 15mm保麗龍球：2顆

4.

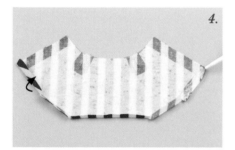

先在裙襬縫份摺出摺痕，再於縫份塗上布用接著劑後
黏合。

5.

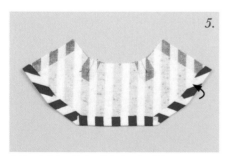

先從兩邊黏合，最後再將中間的縫份摺起黏貼。

6.

將袖圍和後開口的縫份都反摺後，再用布用接著劑黏
合。

1.

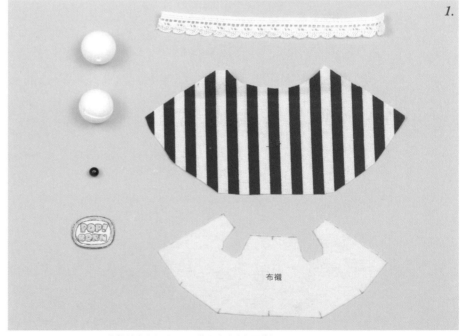

布襯

依照紙型裁剪布料，在布襯描繪出合印點後，沿著完成線的位置裁切。

3.

沿著完成線剪去領圍的縫份，並且在袖圍的縫份剪出
牙口。裙襬縫份的邊角也先剪出牙口。

2.

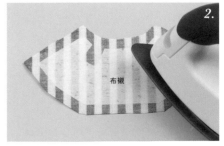

布襯

將布襯放在表布反面後，用熨斗燙貼。

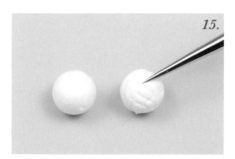

接著製作假爆米花。用錐針或指甲在15mm的保麗龍球刮出痕跡,讓表面凹凸不平。

15.

將蕾絲的兩端反摺,並且用布用接著劑固定。接著將蕾絲的上半部摺起,在大概4個地方塗上布用接著劑後暫時固定。

11.

依照紙型的摺線位置在布料摺出山摺,並且用熨斗押出摺痕。

7.

局部用剪刀挖開表面,就會更像爆米花。保麗龍球若剪出開孔,則塞入剪下的碎片。

16.

將對摺的蕾絲以邊縫固定。因為紙型是依照Poi娃娃的尺寸製作,若要穿在肩膀較窄的娃娃身上,建議要再稍微縫緊一些。

12.

布料會形成如爆米花桶的立體感。

8.

表面用麥克筆(水性墨水筆)或色鉛筆輕輕上色。

17.

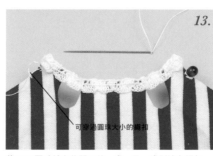

將4mm圓珠縫在後開口的一邊,另一邊則縫上繩扣。

13.

將15mm寬的蕾絲貝殼頂端對齊前中心,並且讓蕾絲寬的上半部超出布料後,用珠針固定。後開口邊緣也用珠針固定。

9.

爆米花洋裝完成。

18.

依個人喜好貼上有文字或LOGO的布料或紙板,爆米花洋裝即完成。

14.

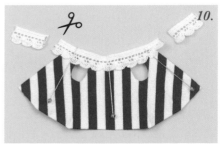

蕾絲的兩端保留約5mm的反摺長度後,剪去多餘的部分。

10.

華夫格鬆餅&淋醬洋裝
by BABYDOW

這是服裝製作的中級篇，
由2片華夫格布料相連的變形版洋裝。
布料在處理上稍有難度，
但是只要有經過妥善的防綻處理應該就可成功製成。

Size for cocoriang fairy body & animal body

Material （長×寬）

☐ 華夫格布：10cm × 20cm
☐ 麻紗（裡布）：10cm × 15cm
☐ 5mm圓珠：2顆
☐ 9mm水溶蕾絲：10cm
☐ 羊毛氈：10cm × 5cm
☐ 裝飾零件：適量
☐ 布用3D筆（pebeo Setacolor 3D）

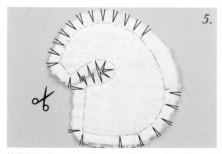

4.

保留縫份，剪下表布。華夫格布很容易綻開，所以一定要在布料邊緣塗上布用接著劑，並使其乾燥。

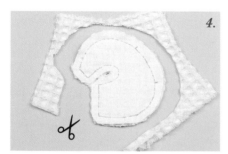

5.

接著劑乾燥固定後，在縫份的弧線部分剪出牙口，並且先在縫份摺出摺痕。

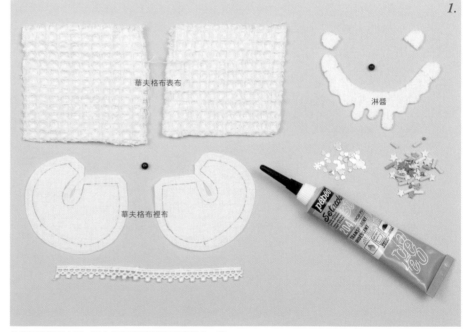

1.

華夫格布表布

淋醬

華夫格布裡布

依照紙型裁剪布料。華夫格布料要剪裁得比紙型大一些。

6.

使用返裡鉗將布料從返口翻回正面。華夫格布的布紋很容易變平，所以建議返裡鉗要隔著裡布夾住反摺的縫份拉出翻回。

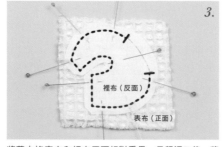

3.

裡布（反面）

表布（正面）

將華夫格表布和裡布正面相對重疊，保留返口後，將其他部分沿著完成線縫合。

2.

華夫格布表布一旦沾溼就很容易縮水，所以先將華夫格布洗過，而且絕對不可以用熨斗壓燙。

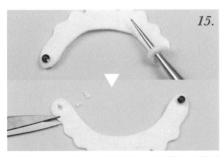

15.

一邊縫上4mm圓珠,另一邊穿出小一點的開孔。用錐針穿孔再慢慢鑽大,若圓珠無法穿過,用前端較尖的剪刀一點一點鑽大開孔。

11.

前上身用弓字縫縫合。

7.

翻回正面後,調整出邊角的形狀,再將返口的縫份反摺,然後用布用接著劑黏合。因為不可以用熨斗,所以建議用鎮石等重物按壓成形。

16.

準備喜歡的裝飾,用布用接著劑黏貼在表面。

12.

5mm

將9mm寬蕾絲的貝殼頂端對齊前中心,在距離洋裝上側邊緣約5mm處用珠針固定,再用珠針將蕾絲固定在後開口邊緣,並且保留約5mm的反摺長度後剪斷。

8.

接著劑完全乾燥後,將表布稍微噴濕,再用色鉛筆塗出焦香色調(依個人喜好塗色)。

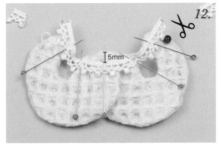

17.

建議用布用3D筆添加小點點。

13.

1cm

將蕾絲的兩端反摺,並且縫在上身。袖子上側邊緣寬度約間隔1cm(建議穿在娃娃身上確認)後縫合,並留意左右是否對稱。

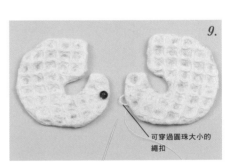

9.

可穿過圓珠大小的繩扣

在後開口一邊的標記縫上4mm圓珠,另一邊則縫上繩扣。

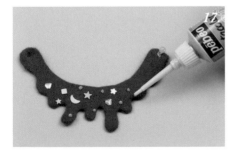

18.

將淋醬形狀的斗篷放在華夫格鬆餅洋裝上,華夫格鬆餅&淋醬洋裝即完成。

14.

接著製作淋醬形狀的斗篷。將羊毛氈和補強用的羊毛氈依照紙型裁剪,並且用布用接著劑正面相對黏合。

10.

將後開口的繩扣扣住圓珠後,先試穿在娃娃身上,並且將布料重疊在前上身後,用珠針固定。在這個狀態下測量袖子上側開口的寬度(Poi娃娃約1cm)。

How to make

行進樂隊服裝套組
by BABYDOW

這是服裝製作的高級篇，不過設計的版型
完全可以用手縫和布用接著劑製成。
行進樂隊服裝套組的帽子會因為羊毛氈的
厚薄或圓柱的粗細，而有尺寸大小的差異，
所以請自行稍加調整。

Size for cocoriang fairy body

Material（長×寬）

- □ 麻紗（米白色）：10cm × 10cm
- □ 麻紗（藏青色）：10cm × 10cm
- □ 薄紗（裡布）：15cm × 15cm
- □ 3.5mm寬緞帶（黑色）：10cm
- □ 2mm寬緞帶（金色）：10cm
- □ 3mm寬織帶（金色）：40cm
- □ 2mm燙片：6片
- □ 3mm圓珠：2顆
- □ 內徑3.5mm迷你帶扣（貓形）：1個
- □ 1mm厚羊毛氈（藍色）：10cm × 5cm
- □ 1mm厚硬羊毛氈（黑色）：3cm × 2cm
- □ 10mm棉球：1個
- □ 2mm金色圓珠：1顆
- □ 金色墜飾：1個

4.

輕輕收緊側上身的碎褶線，將側上身對齊上身寬度後，正面相對縫合。

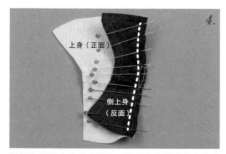

5.

另一邊也用相同方法，將上身與側上身正面相對縫合後，將側上身往正面翻。

6.

縫份往上身倒，並且縫上壓縫線。

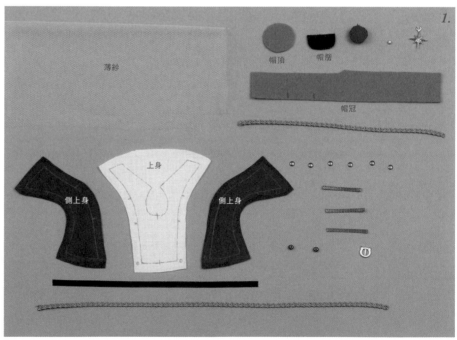

1.

依照紙型裁剪布料，布料邊緣先塗上防綻液。上身後開口～領圍都先預留較多的縫份。

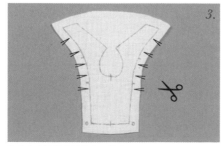

3.

先在上身縫份的弧線部分剪出牙口。

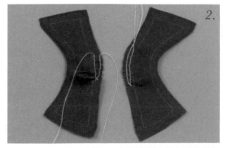

2.

在側上身內側縫份的標記和標記之間，縫上兩條平行的碎褶用車縫線。由於距離較短，所以也可以用弓字縫反覆縫出碎褶線。

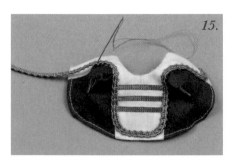

15.

織帶最後保留反摺5mm的長度後剪斷，並且用接著劑完成防綻處理後再縫線固定。

11.

前後側邊對齊，將上身正面對摺後，沿著完成線縫合。

7.

上身和薄紗正面相對重疊，沿著領圍～後開口的完成線縫合。接著將側上身袖圍標記和標記之間稍微收緊並且縫線。

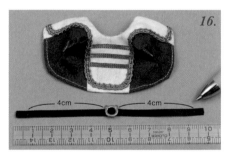

16.

將3.5mm寬的緞帶穿過迷你帶扣，並且在距離帶扣邊緣4cm的距離標示記號，然後留下反摺5mm的長度後剪斷。

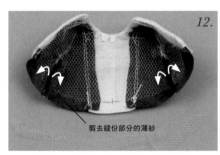

12.

用熨斗燙開側邊縫份，沿著完成線剪去衣襬薄紗。

8.

將領圍～後開口依照紙型裁剪後，塗上防綻液。剪去多餘的薄紗，在領圍和袖圍的縫份弧線處剪出牙口。

17.

在腰帶前上身的區段和織帶塗上布用接著劑後，黏合腰帶。

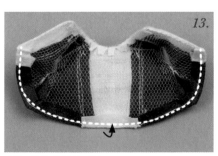

13.

衣襬沿著完成線摺起縫線。

9.

將上身往正面翻，調整出邊角後用熨斗整燙。

18.

將腰帶邊緣反摺，並且縫合在後上身。側上身和腰帶未黏合，所以會產生自然的碎褶。

14.

織帶邊緣反摺5mm後，用接著劑固定在後開口，並且依照紙型縫合。

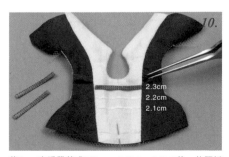

10.

將2mm寬緞帶剪成2.3cm、2.2cm、2.1cm後，依照紙型用布用接著劑由上往下黏合在上身。

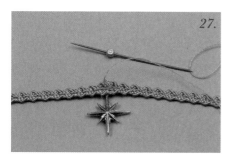

27.

將織帶剪成15cm左右的長度，墜飾縫在中心的反面，將金色圓珠縫在中心的正面。

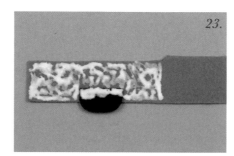

23.

在帽冠上方內凹部分的區塊表面塗滿布用接著劑。

19.

在2mm寬的緞帶邊緣點塗上布用接著劑，暫時固定燙片後，用熨斗壓燙黏貼固定。

28.

將墜飾放在帽冠的正面後，縫上織帶。

24.

將正面朝向圓柱捲起，將第2圈黏貼在內凹部分的第1圈上，並且放置到乾燥成型。

20.

將3mm圓珠和繩扣縫合在後開口。

29.

織帶在帽冠後面重疊約3mm後，剪去多餘的部分並且塗上接著劑以免綻開後，再縫線固定。

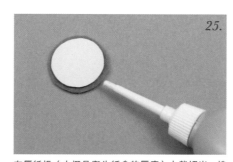

25.

在厚紙板（大概是衛生紙盒的厚度）上裁切出一塊直徑為17mm的圓，並且用布用接著劑黏貼在帽頂（19mm）反面。

21.

準備直徑16～17mm的圓柱體，建議使用100日圓商店的超強磁鐵或指甲油瓶。

30.

在棉球中心塗滿接著劑後黏接在帽頂，行進樂隊的服裝和帽子即完成。

26.

在帽冠第1圈的內凹部分塗上布用接著劑，並且黏上帽頂直到完全固定成型。

22.

對齊紙型的標記，將帽簷放在帽冠正面，並且用布用接著劑黏合。

「100日圓材料製☆銀箔配藍色顏料
的蝴蝶眼珠」

「100日圓材料製☆植物標本眼珠」

Special Lesson

一起製作樹脂眼珠！

知名的樹脂眼珠創作者星空工房，大方公開迷你樹脂眼珠的作法！
內容豐富，包括各種製作所需的知識，
例如至今累積的技巧，還有實際使用的工具等，絕對是初學者和進階者都不可錯過的資訊。
對於設計和原型製作感到門檻過高的人，
則可以參考最後以100日圓材料製作的簡易樹脂眼珠作法！

Material & Tool

□ 紙張和鉛筆	□ UV燈	□ 模型拋光陶瓷超細微粒極細研磨劑
□ 相機和掃描機	□ 美甲亮片材料等	□ 研磨布
□ Photoshop等繪圖軟體	□ 半球狀珍珠（直徑2mm～8mm）	□ 真空脫泡機或真空麵包盒
□ 噴墨印表機	□ 牙籤	□ 塑膠板
□ 光澤相紙或珠光紙	□ 遮蓋膠帶	□ 遮蓋膠帶
□ 剪刀	□ Mr. SURFACER 1000底漆補土	□ 透明矽膠
□ KOKUYO萬用隨意黏土（軟質黏著劑）	□ Mr. Color稀釋液	□ 白色樹脂（雙劑型）
□ 壓克力塊	□ 海綿砂紙（#6000～10000）	□ Mr.SUPER CLEAR油性抗紫外
□ 透明UV膠（單劑型）	□ 模型拋光研磨劑	線光澤保護透明漆

星空工房8mm眼珠「星星譜寫的古書」

「100日圓材料製☆繡球花瓣眼珠」

原創樹脂眼珠『星星譜寫的古書』
by 星空工房

9.

水平放置虹膜片後，滴一滴透明UV膠。然後靜置一天並消除氣泡。

5.

用家用噴墨印表機列印。檔案解析度設定為350dpi以上，顏色以RGB設定較容易呈現鮮明色調。

1.

構思眼珠虹膜的圖案，並且用自動筆素描。這次的主題為『星星譜寫的古書』。

10.

準備喜歡的亮片或材料，確認整體的協調，避免出現過於明顯的個體差異。

6.

列印紙張建議選用顯色度佳的光澤相紙或珠光紙。依個人喜好準備紙張列印。

2.

拍下素描的草稿，並且將資料存入電腦中。

11.

用UV燈照射，使UV膠硬化。硬化時間請參考UV膠的標示。

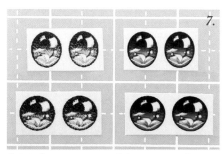

7.

左邊為「標準」列印，右邊為光澤相紙的「高畫質（清晰）」列印。列印盡量設定為精細清晰的選項。

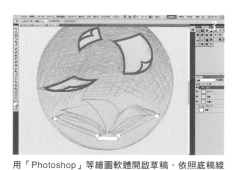

3.

用「Photoshop」等繪圖軟體開啟草稿，依照底稿線條整理出虹膜的線稿、塗上顏色、調整背景、統整設計。這次要製作8mm眼珠。

12.

確認硬化後，虹膜片即完成。

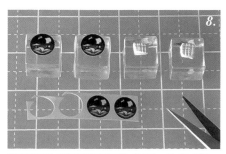

8.

將列印好的虹膜設計用剪刀修成圓形，做成虹膜片。為了方便作業，建議先用KOKUYO萬用隨意黏土將虹膜片固定在骰子或壓克力塊等底座。

4.

利用「變形」的「放大和縮小」將虹膜寬度縮小至6mm，並製作成可列印的檔案格式。

這次將珍珠朝上，從上方照射UV燈使其硬化。

用UV燈照射使其硬化，讓大小珍珠完全黏合。

使用半球狀珍珠製作樹脂眼珠的原型。這次使用直徑約為8mm的珍珠和直徑約為2mm的珍珠。

由左至右分別是，大小珍珠黏合的狀態、浸泡一次UV膠並且硬化的的狀態、浸泡兩次UV膠並且硬化的狀態。

將珍珠倒置，浸泡在UV膠的瓶中，使UV膠覆蓋在圓弧面，維持倒置狀態，然後如吹玻璃一般轉動，不要讓UV膠積累在某一側。

將遮蓋膠帶摺至一半後，捲黏在牙籤較粗的一端。

原型完成。先同時做好多個原型，盡量使用大小高度皆相似的原型。

當頂端小珍珠的周圍都包覆上UV膠時，依舊保持倒置狀態，並且用UV燈照射使其硬化。

將較大的半球狀珍珠（8mm）平面暫時放在牙籤貼有遮蓋膠帶的部分。

頂端珍珠較大時，會形成高圓拱狀，頂端珍珠較小時，會形成低圓拱狀。請依個人喜好調整。

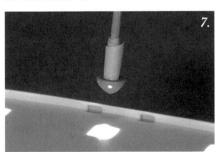

再次將珍珠浸泡在UV膠瓶中，倒置轉動，使UV膠凝聚在中央頂端。

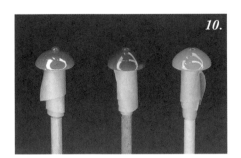

將較小的半球狀珍珠（2mm）平面塗上UV膠，並且放在較大珍珠的頂端。

9.

用專用研磨布沾取模型拋光研磨劑打磨後，接著用陶瓷超微粒極細研磨劑打磨，讓表面光滑。

5.

先用「#6000」研磨，將表面粗糙程度和半球狀的歪斜程度打磨平均。接著用「#10000」研磨至整體平滑。

1.

將Mr. SURFACER 1000底漆補土充分攪拌均勻，並且加入約2～3倍的稀釋液稀釋。

10.

準備塑膠板製作成盒子，大小要能讓眼珠並排其中且留有空隙。建議高度為原型的3倍左右。

6.

用1.5～2倍的稀釋液稀釋Mr. COLOR「透明漆」，用噴筆多次噴塗。從照片看來噴塗的距離似乎很近，其實大約距離5～10cm。

2.

倒入噴筆中，分多次薄塗在原型上。從照片看來噴塗的距離似乎很近，其實大約距離5～10cm。

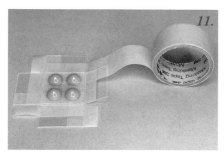

11.

將眼珠原型黏貼在盒底。盒底和側邊用遮蓋膠帶緊密黏合，不可留有縫隙。

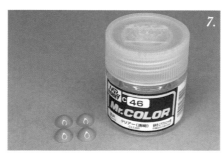

7.

等到表面變得平整光滑後，讓其完全乾燥。

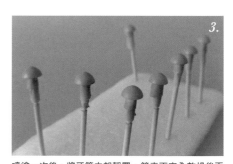

3.

噴塗一次後，將牙籤立起靜置，等表面完全乾燥後再重複噴塗一次。

12.

側邊之間也要用遮蓋膠帶緊密黏合，並且將盒子組裝完成。

8.

在最後修飾時，使用模型拋光研磨劑和陶瓷超細微粒極細研磨劑，再次打磨修整。

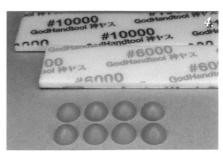

4.

底漆補土完全乾燥後，用海綿砂紙研磨表面。這次使用神之手的高號數「#6000」和「#10000」。

準備複製模型用的透明矽膠。星空工房使用的是「信越矽膠1310」，優點是模型相當堅固，但是因為黏度較高，所以缺點是很容易產生氣泡。

若使用這款矽膠，請一定要準備真空脫泡機。照片中為附有真空壓力計的小型真空機。

再次將盒子放入真空脫泡機中抽出空氣，並且放置1～2天，讓矽膠完全硬化。

用大約2000日圓即可購得的真空麵包盒簡單消泡，應該也可以做出沒有氣泡的漂亮模型。過去星空工房也會使用這套工具。

還要準備真空幫浦和真空幫浦油，以抽出真空腔內的空氣。

只要脫泡順利，連硬化中都可消除細小的氣泡，形成最適合UV膠的透明模型。

在塑膠杯中以10：1的比例倒入矽膠的主劑和硬化劑，並且充分混合均勻。

若不使用真空脫泡機，則建議使用「造型村透明矽膠」。材質較軟，操作方便，較不容易產生氣泡。

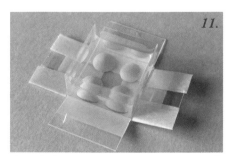

確認已經完全硬化後，撕除遮蓋膠帶，取出矽膠模型。

將其放入真空脫泡機中，用真空幫浦抽出空氣，消除矽膠中的氣泡。

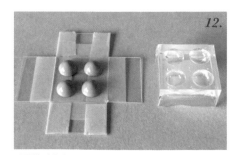

矽膠模型完成。

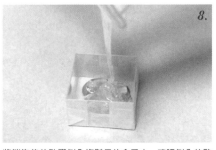

將消泡後的矽膠倒入複製用的盒子中。確認倒入的矽膠完全覆蓋住眼珠原型後，大概倒至盒子的一半即可停止。

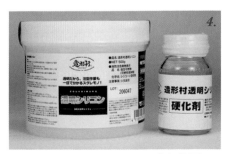

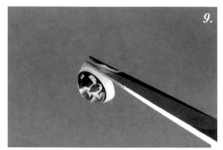

用剪刀等工具修整邊緣突出的毛邊。

將A劑和B劑以1：1混合。若先倒入比重較重的B劑較不容易混合，所以依照A劑→B劑的順序倒入，就很容易混合均勻。

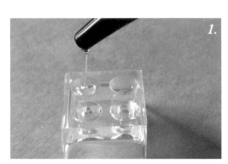

將矽膠模型水平放置，滴一滴透明UV膠，並且靜置一天，消除氣泡。

若表面霧濛濛的或不夠光亮，就用專用研磨布沾取模型拋光研磨劑和陶瓷超細微粒極細研磨劑打磨。

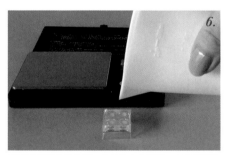

將矽膠模型水平放置，並倒入白色樹脂。在開始硬化的1～2分鐘內，用牙籤等工具去除肉眼可見的氣泡。

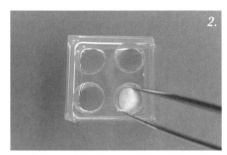

用鑷子夾起P.28製作的虹膜片，並且盡量放置在模型中央。

消除霧濛濛的表面後，就可清楚看到虹膜。

依照標示的時間靜置，待其硬化。

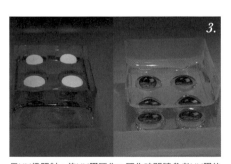

用UV燈照射，使UV膠硬化。硬化時間請參考UV膠的標示。表面硬化後，從反面再次照射。

星空工房製的8mm樹脂眼珠完成！！

確認硬化後，將模型傾斜取出眼珠。

準備用於眼白的白色樹脂（雙劑型）。使用時星空工房會先將白色樹脂改裝入火炬型鐵罐中，並且在容易凝固的B液罐口和蓋子內側噴上「矽膠脫模劑噴霧」。

How to make

以100日圓材料製作簡易樹脂眼珠
by 星空工房

沒有Photoshop或繪圖工具的人也不要洩氣！
讓我們一起製作更簡易、更能自由發揮的樹脂眼珠。
使用100日圓商店可以購得的材料，就可以非常簡單地做出眼珠。
這是星空工房為初學者設計的挑戰企劃。

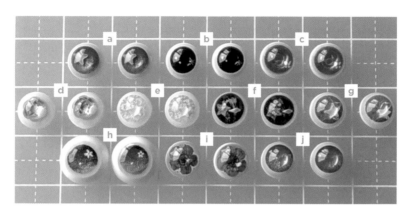

a.金箔配朱紅色顏料的明星眼珠　b.甜點盒的雪花球眼珠　c.紫色玫瑰和蝴蝶空盒眼珠
d.立體亮片花朵眼珠　e.閃亮雪花紙膠帶和星星亮片眼珠　f.植物標本眼珠　g.星星金箔紙膠帶和亮片眼珠
h.繡球花瓣眼珠　i.藍綠松石押花眼珠　j.銀箔配藍色顏料的蝴蝶眼珠

7.

若使用押花等較脆弱的材料，先用透明膠做出透明基底。在100日圓商店購得的10mm半球模型內滴一滴UV膠，待其硬化後取出。

4.

將亮片用刀片分割成細碎片後，放在圖畫紙上。在表面滴一滴透明UV膠，再放上一小搓美甲亮片。

1.

乾燥花、押花、亮片、紙膠帶、迷你刷等，這些都可以在100日圓商店購得。有了這些材料就可創造各種眼珠。

8.

將透明基底用KOKUYO萬用隨意黏土固定在底座，再放上用於虹膜的花瓣、細碎亮片、花瓣的打亮，然後滴一滴UV膠，並且待其硬化。

5.

經過UV燈的照射，使UV膠硬化。硬化時間請參考UV膠的標示，虹膜片完成。

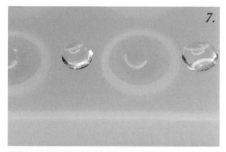

2.

用打洞器在金色和銀色圖畫紙按壓出圓形紙片。100日圓商店也有市售常見的打洞器，直徑大多為6mm左右，剛好用於製作8mm的眼珠虹膜。

9.

其他還可以利用紙膠帶、甜點包裝圖案、亮片等製成虹膜。

6.

將用於植物標本的乾燥花放在虹膜上。取出一粒粒的小朵花瓣，並且浸泡在少量的UV膠中，將花瓣打開後使用。

3.

將按壓出的圖畫紙用KOKUYO萬用隨意黏土固定在底座後，用壓克力顏料（這次使用造型村的壓克力顏料）塗上漸層色調。畫筆使用的是指甲油的迷你刷。

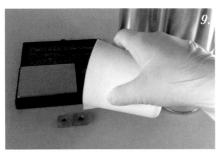

9.

準備眼白用的白色樹脂（雙劑型），將A劑和B劑以1：1的比例混合後（依照A劑→B劑的順序倒入，就很容易混合均勻。），倒入模型中。

5.

用相同方法再製作另一個模型，就完成左右兩個眼珠的模型。

1.

依照想製作的尺寸大小準備眼珠原型（請參考P.29「2.眼珠原型的製作」）。

10.

在開始硬化的1～2分鐘內，用牙籤等工具去除肉眼可見的氣泡。

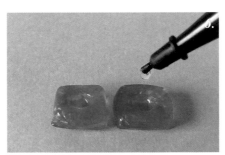

6.

將模型水平放置，各滴一滴透明UV膠（單劑型）。

2.

準備熱塑黏土，剪成比眼珠原型大一些的尺寸。

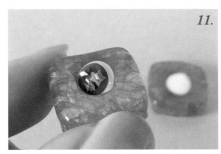

11.

依照標示時間靜置，並確認其硬化後，將熱塑黏土模型傾斜、取出眼珠。

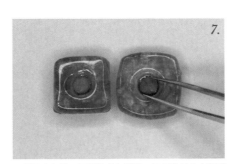

7.

用鑷子夾起前一頁製作的虹膜片，並且盡量放在模型正中央。

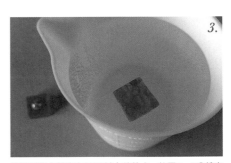

3.

將熱塑黏土浸泡在80℃以上的熱水，放置2～3分鐘直到變軟後，按壓在原型的球面。

12.

用剪刀等工具修整邊緣突出的毛邊，熱塑黏土複製的樹脂眼珠即完成。

8.

用UV燈照射模型，使UV膠硬化。硬化時間請參考UV膠的標示。

4.

將熱塑黏土按壓至與原型平面完全密合切齊後，在熱塑黏土上沖冷水直到冷卻，並且固定形狀。

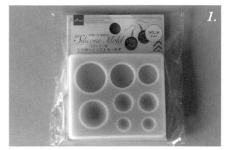

更輕鬆的方法就是使用市售的模型製作樹脂眼珠。使用100日圓商店可購得的10mm半球狀矽膠模型。

將永生花繡球花做成虹膜。用打洞器（6mm開孔）按壓出圓形花瓣後，用KOKUYO萬用隨意黏土固定在底座。

將壓克力顏料（使用造型村的壓克力顏料）稀釋後，塗上漸層色調。畫筆使用的是指甲油的迷你刷。

漸層塗裝乾燥後，用白色壓克力顏料添加打亮。

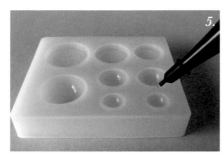

將模型水平放置，在兩個10mm的半球狀中，各滴入一滴透明UV膠（單劑型）。

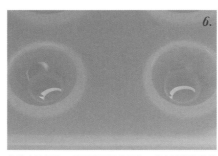

去除大的氣泡。只要表面反光平均，沒有出現波紋即可。

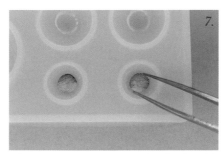

用鑷子夾取繡球花虹膜片，並且盡量放置在眼球中央。

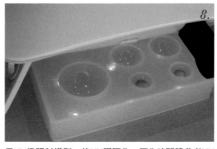

用UV燈照射模型，使UV膠硬化。硬化時間請參考UV膠的標示。

準備眼白用的白色樹脂（雙劑型），將A劑和B劑以1：1的比例混合後（依照A劑→B劑的順序倒入，就很容易混合均勻。），倒入模型中。

在開始硬化的1～2分鐘內，用牙籤等工具去除肉眼可見的氣泡。

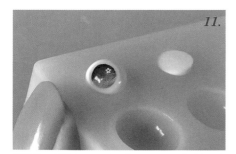

依照標示時間靜置，並確認其硬化後，從模型中取出眼珠。

使用市售矽膠模型製作的10mm繡球花眼珠即完成。推薦給Mocks、Moco等眼窩較大的娃娃。

UNOA QULUTS LIGHT

Dreaming in the Spotlight

Jinemama實在太愛Unoa Quluts Light娃娃，終於製作了冠有自己名字的聯名娃娃。

他打造的原創Unoa娃娃，除了衣服設計之外，連髮色、服裝、妝容色調等細節都精心講究。

以下不但為大家獻上Jinemama 為Unoa量身訂做的歷代精心傑作，還會介紹其特別喜愛的系列。

Dress & Doll Custom：Jinemama

這是2016年的作品，服裝上有雙胞胎
兔子的刺繡，胸前的貝殼輪廓設計為
服裝亮點。展示的模特兒為「家居服
Ver.（2011）」的假髮改造娃娃，添
加了眼線，嘴唇也經過重新描繪。

✦ 泰迪熊荷葉邊連身裙

這也是在2015年名品市展出的娃娃。胸前的細褶設計極為細窄。娃娃為「制服Ver.（2014）」的雙胞胎改造娃娃。假髮混合了兩種顏色，而且髮量相當豐盈，眼線和唇妝都經過改妝。

✦ 紅果實荷葉邊連身裙

這是曾在2015年名品市展出的一件非賣品。胸前的貝殼輪廓設計為服裝亮點，細看會發現上身和袖子使用不同的材質，用料相當講究。娃娃為「制服Ver.（2014）」的改造娃娃，將兩個娃娃設定為髮色不同的雙胞胎。

★ 珍珠泰迪熊連身裙
這是專為特輯介紹的全新設計，適合初學者製作的連身裙。設計版型時為了讓製作更加簡單，盡可能減少打褶的數量，但卻依舊保有立體廓型。娃娃為「Jinemama Ver.」，鞋子也選擇了好搭配的色調，相當令人喜愛。
★紙型與作法刊登→P.45

✦ 紅色果實與珠寶的刺繡洋裝
這是2015年的作品，洋裝衣袖和腰
身的收窄造型、胸線的立體廓型，
在在都表現出設計的細膩講究。娃
娃和P.37相同，都是「家居服Ver.
（2011）」的改造娃娃。

✦ 珠寶百褶連身裙
這是2015年的作品,設計概念
為圖書館中的女孩。項鍊為金色
縫線的刺繡,衣領為可拆式設
計。娃娃為「黑髮套裝造型Ver.
（2020）」。

✦ 珍珠緞帶圍裙洋裝
這是2015年的作品,珍珠和緞帶
的印花是創作者長年使用的原創
設計。拆下假領片和圍裙就成了
一套簡約的連身裙。娃娃為「愛
麗絲夢遊仙境Ver.（2018）」。

✦ 泰迪熊低領連身裙

這是2017年的作品，洋裝的領圍線條、衣袖和腰身的收窄造型、胸線的立體廓型，都表現出設計的細膩講究。服裝版型經過多次修改，只為了將Fluorite的身形襯托得更加優美。娃娃和P.38相同，都是「制服Ver.」的改造娃娃。

✦ **Unoa Quluts Light　Jinemama Ver.**

Fluorite的妝容重點在於淡紫色的唇妝，髮型則在兩邊抓起一小縷秀髮綁起，並且別上小巧的蝴蝶結裝飾。Azurite的紅棕色眼妝，讓人想起娃娃初期的妝容，而且還搭配少許的睫毛和唇妝，展現自然隨興之美。服裝除了運用刺繡和珍珠表現出華貴氣質之外，再次展現對於設計的要求，例如裙襬的手縫製作等修飾細節。

DOLLYBIRD LIMITED
UNOA QULUTS LIGHT
Jinemama Ver.

Azurite

▶Jinemama製作的第一套男生服飾。緞帶領結襯衫疊搭刺繡西裝外套，展現出穿搭的樂趣。

Jinemama創作的
Unoa Quluts Light 娃娃Azurite&Fluorite
為Dollybird限定接單生產的商品。
創作Fluorite時
不但重現襯托美麗身形的縫製與刺繡，
在妝髮上也相當講究，
而且經過數次的修改，
才設計出包括Azurite在內的完美造型，
相信絕對能收服大家的心。

※照片為樣品，可能和實際產品有所不同。

Fluorite

◀西裝外套在前上身利用緞帶加珍珠刺繡，設計出宛如口袋的造型，袖口也有緞帶加珍珠刺繡的裝飾。

▲髮。Azurite的髮型為帶點蓬鬆飄逸感的多層次短髮，稍微露出一點耳朵，又展現出下巴線條。

◀Fluorite為紅棕色加焦茶色的髮色，髮型則是在中長髮的兩邊綁起，小縷秀髮，還在髮尾捲出一個弧度。

價格

各¥27,500
（本體價格　各25,000日圓）

申購截止日

2023年2月28日（二）

商品寄送日

預定2023年9月～10月

※訂單量較大時，可能會有延遲寄送的情況。在確定寄送日後，我們會以電子郵件通知您。若您的地址有所變更，敬請至線上商店的我的頁面更改資料。

Unoa Quluts Light 娃娃 Azurite　Jinemama Ver.
Unoa Quluts Light 娃娃 Fluorite　Jinemama Ver.

●各27,500日圓（本體價格25,000日圓）
●接單期間／2022年12月14日～2023年2月28日
●預定寄送時間／預定2023年9月～10月
●販售廠商／Hobby JAPAN　●製造廠商／SEKIGUCHI
●約1/6尺寸　●材質／ABS、PVC、棉等
●原型／荒木元太郎　●設計與版型／Jinemama

●內容／Azurite：人偶本體、刺繡西裝外套、領結襯衫、格紋褲、襪子、樂福鞋、可替換手腳　Fluorite：人偶本體、刺繡連身裙、西裝外套、襪子、T帶鞋、緞帶、內衣褲、可替換手腳

請連結至「Hobby JAPAN線上商店」申購。

http://hobbyjapan-shop.com

第一次至線上商店購物者，
請先註冊會員。

商品洽詢	●本商品相關洽詢敬請聯絡 株式會社Hobby JAPAN通訊販賣部 電子郵件：shop＠hobbyjapan.co.jp

※Hobby JAPAN通訊販賣的相關注意事項請翻閱P.3。

▲西裝外套內搭芥末黃領結襯衫、腳穿酒紅色樂福鞋。

▲妝容設計概念來自初期的Unoa娃娃。髮色混合了紅棕色和金色，髮線偏右，瀏海則添加了流線感。

▲泰迪熊以漸層刺繡表現毛茸茸的蓬鬆感，再搭配手縫的珍珠裝飾。

▲眼線、虹膜、唇妝皆為淡紫色的整體妝容，精巧絕妙。色調講究，還追求霧面質感。

▶西裝外套內搭細肩帶連身裙。

HOW TO MAKE
珍珠泰迪熊連身裙
by Jinemama

造型簡約，卻是連初學者都能漂亮製作的版型。
將容易因布料重疊變厚的肩線往後移，
讓側邊輪廓修飾得更加俐落。

MATERIAL（長×寬）

□ 上身用棉被單布：35cm × 10cm
□ 貼邊用細棉布：6cm × 6cm
□ 裙子用棉絨：25cm × 10cm
□ 3.5mm寬絲質緞帶：30cm
□ 2mm珍珠圓珠：約70顆
□ 3mm珍珠圓珠：3顆
□ 刺繡線：適量

size for U-noa Quluts Fluorite

4.

縫合前上身和後上身的肩線。

5.

用熨斗將肩線的縫份燙開。

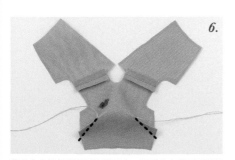

6.

將前上身的打褶正面相對縫合。打褶的尖端不要縫迴針縫，而保留長長的縫線，並且在反面打結就會呈現漂亮的輪廓。打褶往上側倒。

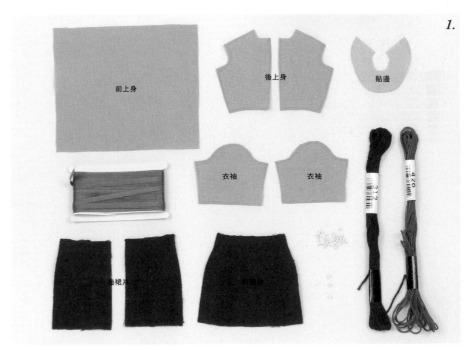

1.

依照紙型裁剪布料，布料邊緣先塗上防綻液。

3.

繡好後用焦茶色加上眼睛、鼻子和嘴巴的刺繡，再依照紙型裁剪上身。

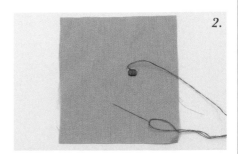

2.

裁剪前上身之前先縫上刺繡。描繪好紙型圖案後，臉部和耳朵分別以茶色刺繡線繡上緞面繡。

45

15.

將袖下和側邊的縫份用熨斗燙開後,翻回正面。

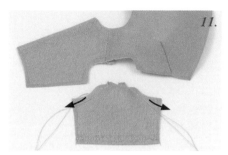

11.

收緊碎褶用的縫線,將袖山對齊上衣袖圍後收緊。

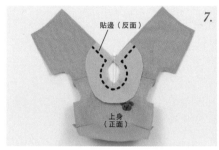

7.

貼邊(反面)

上身
(正面)

將上身和貼邊正面相對重疊,縫合後開口和領圍。

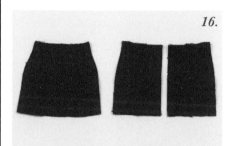

16.

裁下裙片布料,而且棉絨的毛流方向要一致。先在反面標註珍珠縫合位置的記號。

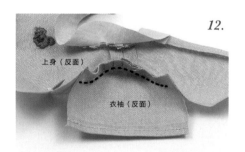

12.

上身(反面)

衣袖(反面)

將衣袖和上身正面相對,袖山中心對齊袖圍中心(紙型有標註記號)後縫合。並且將肩膀的縫份邊角斜向剪去。

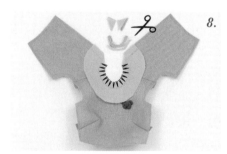

8.

剪去縫份的邊角。縫份預留3mm寬度後剪去多餘的部分,並且在弧線部分剪出牙口。

17.

後裙片
(反面)

將裙片的打褶正面相對縫合。打褶的尖端不要縫迴針縫,而保留長長的縫線,並且在反面打結就會呈現漂亮的輪廓。打褶往中心線倒。

13.

上身
(正面)

(反面)

將前後上身的側邊正面相對縫合。這時請注意不要縫到袖山的縫份。

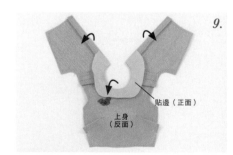

9.

貼邊(正面)

上身
(反面)

將貼邊翻回正面,並用熨斗整燙。

18.

後裙片
(反面)

前裙片
(正面)

將前裙片和後裙片的側邊正面相對縫合。

14.

接著將袖下正面相對縫合。這裡也不要縫到袖山縫份。這樣側邊就不容易產生縮縫的情況。

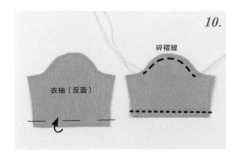

10.

碎褶線

衣袖(反面)

將袖口依照完成線摺起縫線。在袖山縫份2.5mm寬的位置縫上碎褶線,並且先保留前後兩端長長的縫線。

27.

將2mm珍珠逐一縫在裙子標記的位置。

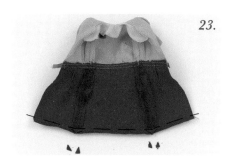

23.

裙襬沿著完成線摺起,並且用熨斗稍微燙出摺痕。將側邊縫份的邊角斜向剪去。

19.

將裙片的縫份用熨斗燙開。在熨燙棉絨時,為了不要讓棉絨的毛流變得扁平,在下方墊一片棉絨,並且輕輕熨燙即可。

28.

也將2mm的珍珠以半迴針縫縫在領圍,同時在貼邊縫上壓線縫。

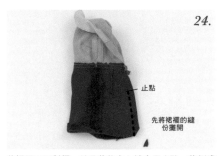

24.

止點

先將裙襬的縫份攤開

將裙子正面對摺,並且將後中心縫合至止點。將側邊縫份的邊角斜向剪去。

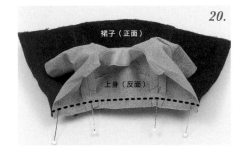

20.

裙子(正面)

上身(反面)

將上身和裙子正面相對重疊,縫合腰圍。

29.

將3mm的珍珠縫在後開口左邊,並且在縫份縫上壓線縫,接著在後開口右邊縫上繩扣。

25.

將後中心的縫份用熨斗燙開。

21.

將側邊縫份的邊角斜向剪去後,翻回正面。將縫份往上身倒。

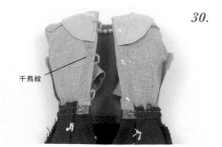

30.

千鳥紋

用千鳥紋在後開口右邊縫上壓線縫。將腰圍緞帶反摺並且縫線固定,連身裙即完成。

26.

裙襬用邊縫固定。

22.

將3.5mm寬的緞帶放在腰圍,上下側縫上縫線。兩端保留約1cm的長度。

UNOA QULUTS LIGHT
Chronicle

本篇要介紹SEKIGUCHI發售的U-noa Quluts歷代娃娃編年史。

從2007年初期的「Azurite」和「Fluorite」，一直到最新推出的「Jinemama Ver.」，

我們集結了共60款娃娃，包括與傑出創作者合作的聯名娃娃，

還有在粉絲間蔚為話題的另類概念娃娃，想一次回顧這些作品。

+2007.3.+

「Azurite」
「Fluorite」

2007年3月發售／各12,000日圓

〈Azurite〉黑色T恤、黑色褲子
〈Fluorite〉白色背心、白色短褲

▶娃娃初期的妝容色彩由U-noa Quluts系列創造者荒木元太郎所設定，Azurite的眼睛為茶色、Fluorite的眼睛為水藍色。只有初期娃娃的關節有漸層色調。

+2007.11.+

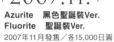

Azurite　黑色聖誕裝Ver.
Fluorite　聖誕裝Ver.

2007年11月發售／各15,000日圓

〈Azurite〉黑色聖誕上衣、黑色袖套、黑色漆皮褲、黑色聖誕帽、星星頸鍊〈Fluorite〉紅色聖誕連身裙、紅色聖誕帽、紅白橫條襪、內衣褲、愛心頸鍊

◀為了讓頭髮綁起來時顯得自然，鬢角設計得較短。

+2008.5.+

Azurite　管家Ver.
Fluorite　千金小姐Ver.

2008年5月發售／各16,000日圓

〈Azurite〉白襯衫、茶色條紋領帶、黑色背心、黑色條紋褲、襪子、黑色樂福鞋〈Fluorite〉深紅色連身裙、頭飾、白色襯裙、白色襪褲、黑色襪子、茶色樂福鞋

+2008.8.+

Azurite／Fluorite
relax Ver.

2008年8月發售／各15,000日圓

〈Azurite〉白色7分袖T恤、牛仔褲、內衣褲〈Fluorite〉粉紅色連帽連身裙、內衣褲

+2008.11.+

Azurite／Fluorite
Xmas Ver.

2008年11月發售／各15,000日圓

〈Azurite〉紅色外套、黑色T恤、紅白橫條褲、內衣褲〈Fluorite〉絨球蝴蝶結連身裙、內衣褲、絨球蝴蝶結髮飾

UNOA QULUTS LIGHT *Chronicle*

✦ 2009.3. ✦

Azurite 大野狼Ver.
Fluorite 小紅帽Ver.
2009年3月發售／各16,000日圓

〈Azurite〉黑色長袖T恤、連帽背心、牛仔褲、絨毛與鍊條裝飾腰帶、黑色靴子 〈Fluorite〉小紅帽披風、白罩衫牛仔裙、內衣褲、白色長靴

✦ 2011.2. ✦

Azurite／Fluorite
家居服Ver.
2011年2月發售／各13,800日圓

〈Azurite〉白色背心、綠白色橫條褲、吊牌項鍊、內衣褲 〈Fluorite〉粉紅白橫條連帽外套、短褲、及膝襪、內衣褲

✦ 2009.7. ✦

Azurite／Fluorite
海灘造型Ver.
2009年7月發售／各13,800日圓

〈Azurite〉白色連帽外套、藍色五分褲 〈Fluorite〉黃色連帽外套、白色泳衣

◀這是由LOVESOUND設計的作品。鞋子不但有兩款設計，而且還有附腳模，在BIC只限定銷售80組。

▶這是由雨森HIROKO（Kogumaza）設計的作品。由『U-noa Freak 2』刊物限定接單生產。

✦ 2009. ✦

Azurite／Fluorite
Sweet Rock by LOVESOUND Ver.
2009年發售／一組2個各50,000日圓（BIC限定）

〈Azurite〉橄欖綠軍裝大衣、橫條針織布衫、黑色針織衫、窄管褲、針織帽、吊牌項鍊、淡棕色短靴、黃色工作靴 〈Fluorite〉黑色針織背心、白色針織布衫、細肩帶吊帶裙、窄管褲、頭飾、項鍊、黑色芭蕾鞋、黑色工作靴

✦ 2010.6. ✦

Azurite／Fluorite 雨森HIROKO（Kogumaza）Ver.
2010年6月發售／各26,000日圓（Hobby JAPAN限定）

〈Azurite〉黑白色布勞森外套、白色POLO衫、及膝褲、黑色領結、紅棕色狩獵帽、灰色襪子、焦茶色靴子、茶色長靴 〈Fluorite〉藏青色斗篷、白色罩衫、百褶裙、粉紅色蝴蝶結、褲襪、迷你帽、茶色長靴、紅棕色民族風靴

◀▼Azurite的髮色為柔黑色混合金色，Fluorite的髮色為淡金色混合金色。

◀各附上2種顏色的貓耳配件，安裝時直接插在頭部開孔即可。

◀▼Azurite的髮色為淺藍色挑染，Fluorite的髮色為粉紅色挑染。

✦2011.10.✦

Azurite 海洋風西裝外套Ver.
Fluorite 海洋風連身裙Ver.
2011年10月發售／各14,000日圓

〈Azurite〉藏青色西裝外套、灰色T恤、白色褲子、黑色樂福鞋〈Fluorite〉藏青色水手服上衣、百褶裙、白色及膝襪、內衣褲、黑色條帶鞋

✦2011.11.✦

Azurite／Fluorite
異色瞳貓咪Ver.
2011年11月發售／各12,000日圓

〈Azurite〉貓咪T恤、及膝褲、貓耳配件（灰色和藍色）〈Fluorite〉貓咪連身裙、內衣褲、貓耳配件（粉紅色和茶色）

✦2011.12.✦

Azurite／Fluorite
搖滾視覺系Ver.
2011年12月發售／各14,000日圓

〈Azurite〉黑色坦克背心、橫條袖套、附鍊條黑色漆皮褲、圍巾、鍊條項鍊、黑色工作靴〈Fluorite〉黑色T恤、格紋迷你裙、頸鍊、網襪、橫條襪、內衣褲、紅色工作靴

▶細看會發現Azurite為淺藍色和灰色的異色瞳，Fluorite為灰色和橘色的異色瞳。

✦2013.3.✦

Azurite／Fluorite
Black&White Ver.
2013年3月發售／各12,000日圓

〈Azurite〉黑色背心、黑色長褲〈Fluorite〉黑色細肩帶連身裙、內衣褲

✦2013.2.✦

Azurite／Fluorite
睡衣Ver.
2013年2月發售／各12,000日圓

〈Azurite〉粉紅橫條連身褲〈Fluorite〉灰色橫條連身褲

✦2013.7.✦

Azurite／Fluorite
Berry Ver.
2013年7月發售／各12,000日圓

〈Azurite〉紅紫色坦克背心、白色坦克背心、卡其色工裝褲、內衣褲
〈Fluorite〉黑色裝飾抽褶上衣、紫色平口上衣、紫色瑜珈褲、內衣褲

▶Azurite的頭髮為橘棕色搭配蜂蜜棕的層次髮型，Fluorite則是橘棕色混合蜂蜜棕的髮色。

✦2013.7.✦

Azurite／Fluorite
白色成對穿搭Ver.
2013年7月發售／各12,000日圓

〈Azurite〉白色襯衫、牛仔褲
〈Fluorite〉粉紅白連身裙、內衣褲

▲Azurite為柔黑色混合酒紅色的髮色，Fluorite則是柔黑色混合紫色的髮色。

▶▶Azurite為蓬鬆層次的橘棕色狼尾旁分髮型，Fluorite則是捲度及肩的蜂蜜棕雙馬尾髮型。

◀▼Azurite為柔黑色髮色，Fluorite則是棕色髮色，而且兩人分別都有紅色挑染。

✦2014.10.✦

Azurite／Fluorite
制服Ver.
2014年10月發售／各13,500日圓

〈Azurite〉白色襯衫、領帶、白色背心、格紋褲〈Fluorite〉白色襯衫、領結、白色背心、格紋裙、黑色襪子

✦2014.8.✦

Azurite／Fluorite
海盜Ver.
2014年8月發售／各13,500日圓

〈Azurite〉白色襯衫、黑色背心、黑色褲子、紅色綁帶〈Fluorite〉黑白橫條針織布衫、黑色短褲、紅色綁帶、網襪、黑色及膝靴

✦2014.7.✦

Azurite／Fluorite
絨毛家居服Ver.
2014年7月發售／各13,000日圓

〈Azurite〉藍色連帽衣、短褲、室內拖〈Fluorite〉豹紋連帽衣、短褲、室內拖

▶這是Galum設計的作品，在大衣的衣領有刺繡裝飾，由『U-noa Freak 3』刊物限定單生產。

✦2017.12.✦

Azurite／Fluorite
工作服Ver.
2017年12月發售／各13,000日圓

〈Azurite〉灰色連身褲、內衣褲〈Fluorite〉橄欖色連身褲、內衣褲

✦2015.I.✦

Azurite／Fluorite Galum Ver.
2015年1月發售／各26,000日圓
（Hobby JAPAN限定）

〈Azurite〉原色襯衫、藏青色刺繡海軍外套、七分褲、貝雷帽、原色襪、茶色半筒靴〈Fluorite〉原色刺繡連身裙、藏青色刺繡海軍外套、襯裙、原色褲襪、茶色半筒靴

✦2018.6.✦

Azurite／Fluorite
籃球社Ver.
2018年6月發售／各15,000日圓

〈Azurite〉運動衫、運動褲〈Fluorite〉籃球衫、五分褲、內衣褲

▶這是HANON設計的作品，由『Dollybird vol.27』刊物限定接單生產。碎花布料為HANON原創設計的布料。

✦2018.7.✦

Azurite／Fluorite
愛麗絲夢遊仙境Ver.
2018年7月發售／各15,000日圓

〈Azurite〉黑白花紋襯衫、黑色背心、黑色褲子〈Fluorite〉水藍色連身裙、白色圍裙、內衣褲。

✦2018.8.✦

Azurite／Fluorite
HANON Ver.
2018年8月發售／各25,000日圓
（Hobby JAPAN限定）

〈Azurite〉粉紅色大衣、附領結碎花襯衫、可拆式藏青色吊帶褲、襪子、眼鏡、灰黑色鈕扣靴〈Fluorite〉碎花連身裙、藏青色腰包、襪子、內衣褲、紅黑色鈕扣靴

✦ 2020.12. ✦

Azurite／Fluorite
黑髮色的套裝造型Ver.
2020年12月發售／各16,500日圓

〈Azurite〉白色針織布衫、灰色西裝外套、褲子、襪子、黑色樂福鞋〈Fluorite〉白灰色上衣、灰色裙子、內衣褲、黑色淑女鞋

✦ 2020.12. ✦

Azurite／Fluorite
粉膚髮色的套裝造型Ver.
2020年12月發售／各16,500日圓

〈Azurite〉白色針織布衫、灰色西裝外套、褲子、襪子、黑色樂福鞋〈Fluorite〉白灰色上衣、灰色裙子、內衣褲、黑色淑女鞋

✦ 2022.8. ✦

Azurite IDOL Café中長髮Ver.
Fluorite IDOL Café鮑伯頭Ver.
2022年8月發售／各16,500日圓

〈Azurite〉格紋寬鬆襯衫、坦克背心、褲子、黑色高筒運動鞋〈Fluorite〉格紋短版罩衫、牛仔裙、內衣褲、白色厚底靴

◀這是Jinemama設計的作品，由『Dollybird Taiwan vol.08』刊物限定接單生產。兩個娃娃的髮色都混有兩種顏色，衣服上的泰迪熊刺繡也配有兩種顏色。

✦ 2022.12. ✦

Azurite／Fluorite
Jinemama Ver.
2022年12月發售／各25,000日圓
（Hobby JAPAN限定）

〈Azurite〉泰迪熊刺繡西裝外套、土黃色 領結襯衫、格紋褲、襪子、酒紅色樂福鞋〈Fluorite〉珍珠裝飾西裝外套、泰迪熊刺繡連身裙、粉紅色襪子、內衣褲、酒紅色T帶淑女鞋

✦ 2022.8. ✦

Azurite IDOL Café短捲髮Ver.
Fluorite IDOL Café長髮Ver.
2022年8月發售／各16,500日圓

〈Azurite〉格紋寬鬆襯衫、坦克背心、褲子、黑色高筒運動鞋〈Fluorite〉格紋短版罩衫、牛仔裙、內衣褲、白色厚底靴

from CHINA!
LOVELY SMALL B.J.D!

從中國席捲而來的新世代BJD（球體關節&機械關節人偶）！
如今中國利用3D造型技術不斷創作出許多娃娃，
例如：KUMAKO、Tiny Fox、BLIND DOLL。
尤其27cm尺寸的娃娃，尺寸適中、價位區段平易近人，相當受到大眾的歡迎。
大家不妨試試自己為娃娃上妝、製作服裝。
本篇還會為大家介紹人氣改造娃娃創作者r_e_n_a的化妝要領！

make up：r_e_n_a（MUGUET）　dress：Akaicamera

BLIND DOLL
from 分界線

MAKE UP POINT

這個娃娃為BLIND DOLL第一波推出的
「妖精系列」「拉努」娃娃。
娃娃的特色為稍微粗粗的膚質，
這樣比較容易塗上粉彩顏料，但也容易形成不均勻的色塊，
所以不要一次塗上太濃的粉彩顏料，
最好是從淡色開始一點一點疊加。
嘴巴裡面尤其難用粉彩塗色，所以建議用筆塗。

BABY KUMAKO from PUYOODOLL

MAKE UP POINT

娃頭為Baby KUMAKO的「RURU」娃娃。
KUMAKO為樹脂翻模娃娃，呈現平滑質感，
不論使用哪一種塗料都很方便描繪上色。
但是很容易因塗料造成色素沉澱的樣子，
所以如果預計要重新上妝，
建議在上妝前先仔細地以霧面噴塗鍍膜。

LITTLE FOX
from Tiny Fox

⟍ MAKE UP POINT

娃頭為1/6 Tiny Fox的「Little Fox」娃娃。
以水性塗料在PVC製娃頭上妝時，
相較於樹脂翻模娃娃較不易上色，但是大家不需要心急，
只要一點一點上色乾燥並且重複這個步驟，就能完美顯色。
建議描繪沒有嘴巴造型的娃娃時，
將娃頭倒置或從旁側看，
從各個角度細看來決定嘴巴描繪的位置。

頭圍 18.5 cm

手臂～手腕 6.3 cm

全高 26.2 cm

胸部 11.1 cm

腰部 11.3 cm

臀部 16.9 cm

股下 10.6 cm

3.8 cm

❶這是「RURU」娃娃的娃頭。❷建議選用7ich大小（尺寸會因廠商而稍有不同）的假髮。❸體型屬於臀部較大的梨形身材，和大腿相比，腳較小，可以穿上幼SD或KIKIPOP等娃娃的鞋子。❹娃頭的頭蓋用磁鐵接合。脖子關節用S環扣住，接合處有4道溝槽，可將娃頭從上仰微調至往下看。眼珠建議使用16mm的尺寸。❺手肘設計成伸直線條的雙重關節，膝關節設計成可以彎折成90度，並且露出圓弧膝蓋的結構。

「Baby KUMAKO」
價格：39,600日圓
發售時期：2022年7月～
內容：已組裝的娃娃本體、
　　　未上妝娃頭
銷售廠商：PUYOODOLL
https://www.puyoodoll.com/

❻這是40cm尺寸的「KUMAKO RURU」，唇形為「呆萌唇」，妝容則是由SHIRO設計。❼這是40cm尺寸的「KUMAKO LALA」，唇形為「微笑唇」，妝容則是由Chaz設計。❽40cm尺寸的EGG 01娃頭有乖巧的臉龐和一字型唇形。❾還有更迷你的娃娃Pocket KUMAKO，為PVC製，全高約18cm，還可配戴假髮。

PUYOODOLL於2019年推出了40cm尺寸的娃娃KUMAKO，為樹脂翻模製BJD，漫畫系臉模配上胖敦敦的體型，開拓出一片全新領域。從發表之時似乎就已經預計推出多款尺寸，加上將娃娃設定成更年幼就方便攜帶，價位也可以設定得更低，而於今年推出了27cm尺寸的BABY KUMAKO，材質和KUMAKO一樣，都是不易沾染顏色、稍有分量的樹脂翻模娃娃，輪廓設計上不單單縮小尺寸，還為了呈現幼態的體型比例，調整了細節部位。臉模以RURU和LALA年幼時期的模樣為概念製成，是直擊既有KUMAKO玩家內心的企劃。

　　照片中的娃娃為「RURU」，在中國未化妝的娃娃很受到玩家的歡迎，因而現在多推出未完妝的規格，不過為了日本等對完妝娃娃需求較高的地區，今後也考慮推出提供為娃娃化妝的服務。以玩家的立場來看，也很希望廠商能推出KUMAKO EGG或「Dollybird Taiwan vol.06」限定娃娃「Rose」的年幼版娃娃。

BLIND DOLL

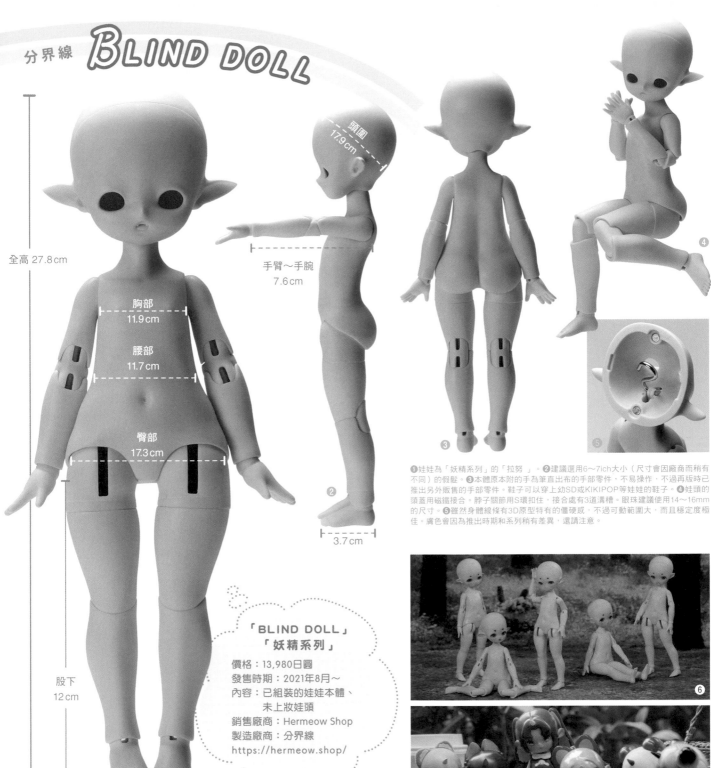

全高 27.8cm

頭圍 17.9 cm

手臂～手腕 7.6 cm

胸部 11.9 cm

腰部 11.7 cm

臀部 17.3 cm

股下 12 cm

3.7 cm

❶

❷

❸

❹

❺

❶娃娃為「妖精系列」的「拉努」。❷建議選用6～7ich大小（尺寸會因廠商而稍有不同）的假髮。❸本體原本附的手為筆直出布的手部零件，不易操作，不過再版時已推出另外販售的手部零件。鞋子可以穿上幼SD或KIKIPOP等娃娃的鞋子。❹娃頭的頭蓋用磁鐵接合。脖子關節用S環扣住，接合處有3道溝槽。眼珠建議使用14～16mm的尺寸。❺雖然身體線條有3D原型特有的僵硬感，不過可動範圍大，而且穩定度極佳。膚色會因為推出時期和系列稍有差異，還請注意。

「BLIND DOLL」
「妖精系列」

價格：13,980日圓
發售時期：2021年8月～
內容：已組裝的娃娃本體、
　　　未上妝娃頭
銷售廠商：Hermeow Shop
製造廠商：分界線
https://hermeow.shop/

❻

❼

❾

❽

包括POPMART泡泡瑪特在內，現在中國正流行不知內容的盲盒玩具，而分界線的「BLIND DOLL」正是其中一種。第一波登場的娃娃就是未化妝、無服裝的27cm尺寸BJD「妖精系列」。販售商品從8款不同臉模、膚色的精靈耳娃娃中挑選一款裝入包裝，而且價格定位大幅低於目前樹脂翻模製BJD的價位，強烈衝擊娃娃產業。初期不少人持以觀望的態度，不過經過優秀創作者的巧手，使娃娃變身成超級可愛的模樣，在SNS引爆話題，加上拉低了價格門檻而獲得新的玩家客層，拓寬了娃娃化妝領域的客層範圍。

分界線的日本代理商為「Hermeow Shop」，是一家引進盲盒玩具等國外藝術玩具的專賣店。除了分界線之外，也引進了DOLLZONE、PENNY'S BOX、ANTU等娃娃。中國的新銳廠商「SIMOMTOYS」、「次元界文化」等今後也預計推出盲盒娃娃，讓人無法忽視其後續的動態。

❻2022年11月再版的「妖精系列2.0」，隨機銷售5款受到大家喜愛的白色膚色娃娃。❼13cm尺寸的BLIND DOLL有PENNY'S BOX「ANTU」共6款+1款隱藏版。❽PENNY'S BOX和ADOU聯名的新品主題為「阿豆街頭系列」。全高14cm，眼珠可以轉動。共6款+1款隱藏版。❾「ANTU」系列新品竟使用半身獸的身體，讓人更加期待接下來推出的新品。

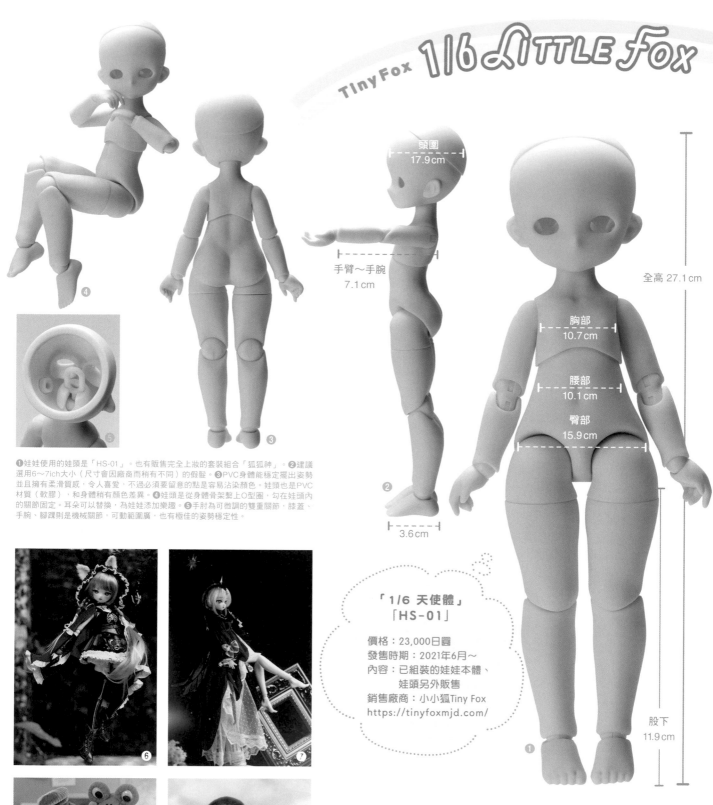

頭圍
17.9 cm

手臂～手腕
7.1 cm

全高 27.1 cm

胸部
10.7 cm

腰部
10.1 cm

臀部
15.9 cm

3.6 cm

股下
11.9 cm

❶娃娃使用的娃頭是「HS-01」。也有販售完全上妝的套裝組合「狐狐神」。❷建議選用6～7ich大小（尺寸會因廠商而稍有不同）的假髮。❸PVC身體能穩定擺出姿勢並且擁有柔滑質感，令人喜愛，不過必須要留意的點是容易沾染顏色。娃頭也是PVC材質（軟膠），和身體稍有顏色差異。❹娃頭是從身體骨架繫上O型圈，勾在娃頭內的關節固定。耳朵可以替換，為娃娃添加樂趣。❺手肘為可微調的雙重關節，膝蓋、手腕、腳踝則是機械關節，可動範圍廣，也有極佳的姿勢穩定性。

「1/6 天使體」
「HS-01」

價格：23,000日圓
發售時期：2021年6月～
內容：已組裝的娃娃本體、
娃頭另外販售
銷售廠商：小小狐Tiny Fox
https://tinyfoxmjd.com/

❻40cm尺寸的1/4比例娃娃「Anna」，其設計主題為小紅帽。規格為D-02娃頭和M胸。❼這也是40cm尺寸的娃娃。1/4「Fibonacci」的規格為D-04娃頭和S胸。❽這是27cm尺寸、1/6尺寸的套組娃娃「小狐狸」和「小青蛙」。❾新品「黛比」的造型設計運用了1/6天使體的特點「胖胖腳」。

Tiny Fox（小小狐）是紅社動漫於2019年成立的關節可動人偶新品牌。身體是由ABS製可動骨架和PVC製表皮構成的MJD（機械關節娃娃），娃頭也同樣為PVC材質。選用PVC材料的原因是，過往樹脂翻模身體的製造工程需要較多的手工作業，不適合量產，以及對人偶玩家來說有種門檻較高的既定印象。成立之初推出的娃娃為全高約40cm尺寸的「1/4比例人偶」，然而在2020年發表了27cm尺寸的「1/6比例人偶」的製作。接著又發表了使用1/6素體「天使體」和「Little Fox」、「Little Frog」等原創娃娃。

相較於初期1/4比例的身體特色為纖瘦體型與細長手腳，1/6比例屬於稍微胖敦敦的可愛幼態體型。Tiny Fox娃娃由「Trick or Treat」設計團隊的多位設計師各自決定哥德系或奇幻系等概念後獨自企劃製作，吸引到相當廣泛的客層玩家。不但有銷售完妝、帶有假髮、眼珠、服裝的套組娃娃，同時也有銷售沒有妝容，也沒有配件的素體。

Make Up Lesson
by MUGUET r_e_n_a

27cm尺寸的BJD娃頭比1/3比例娃娃還小一倍，卻又比1/6比例娃娃大兩倍的感覺。

左右眼珠不會太近，也不會太遠，距離拿捏得恰到好處，所以很推薦第一次化妝的初學者。這次我們邀請了知名改造娃娃創作者r_e_n_a（MUGUET），為大家分別介紹3種妝容的訣竅。

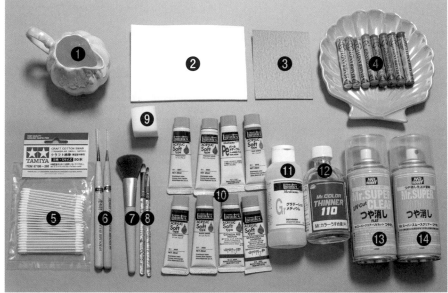

Material（長×寬）

❶ 裝水容器
❷ 紙調色盤
❸ 砂紙（約400號）
❹ 軟粉彩顏料（粉色系、紅色系、茶色系）
❺ 工藝手作棉花棒　三角形S尺寸
❻ 面相筆
❼ 腮紅刷
❽ 眼影刷
❾ 奈米海綿
❿ 麗可得Soft type（火星黑、鈦白、生赭、熟赭、熟褐、中鎘紅、奎寧洋紅、珠光輔助劑）
⓫ 麗可得緩乾劑
⓬ MR. COLOR稀釋液
⓭ Mr.SUPER CLEAR油性抗紫外線消光保護透明漆
⓮ Mr. SUPER SMOOTH CLEAR超級平滑油性消光漆

打底從這樣淡的色調開始描繪，建議可以先試畫在頭蓋等地方。

因為KUMAKO娃頭經過表面處理，所以不需要清理（不過有時表面會有傷痕）。若有不容易上妝的情況，建議在一開始作業時先在表面噴塗消光保護漆鍍膜。

為了掌握整體樣貌，先安裝眼珠再描繪。淡淡重疊塗上眼線和眉毛的打底。

用面相筆沾取茶色系壓克力顏料（麗可得），並且用薄塗用的麗可得緩乾劑溶解稀釋。

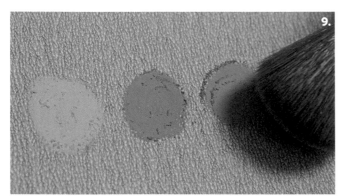

9.

將米色系、粉紅色系的粉彩顏料放在400號的砂紙上,使粉彩顏料更細緻。

5.

打底的線條完全乾燥後,一點一點重複上色,加深顏料色調。想調整線條的地方,筆刷沾取顏料後先畫一條線,接著筆刷再次沾取顏料調整用量後,才畫下一條線。

10.

用腮紅刷沾取粉彩顏料後,輕刷臉頰。眉毛、眼瞼、嘴唇、鼻子、耳朵、下巴等則用眼影刷一點一點塗色。

6.

畫超過或畫錯時,在顏料變乾之前用水沾濕棉花棒擦除。

11.

慢慢加深粉彩色調。BABY KUMAKO要用更細的眼影刷在眼尾添加紅色,描繪成中國風妝容。

7.

接著加深顏色重複上色。完全乾燥前就重複上色會使顏色不均,所以要領就是每次都要等完全乾燥後才重複上色。

12.

最後用白色壓克力顏料在臉頰和雙眼皮添加打亮。BABY KUMAKO娃娃的中國風妝容即完成。

8.

壓克力顏料妝容完成後,將眼睛拆除,再噴塗上Mr.SUPER CLEAR油性抗紫外線消光保護透明漆,在表面鍍膜稍加修飾。

因為Tiny Fox為PVC製娃頭，會比樹脂翻模製娃頭難以上色，所以一開始先將整張臉塗滿消光噴霧，再接著上妝。用緩乾劑將壓克力顏料稀釋，從底開始重疊上色。

17.

不論是樹脂翻模製還是軟膠製娃頭，在妝容完成後，都要在最後噴塗上Mr. SUPER SMOOTH CLEAR超級平滑油性消光漆。在表面鍍膜才會呈現出潤澤細緻的娃臉。

13.

眼線等部分的顏色，因為在壓克力顏料上添加粉彩顏料而暈開時，用沾水的棉花棒點拍擦拭後，噴上消光噴霧鍍膜就可以清晰顯色。

18.

同樣為樹脂翻模的BLIND DOLL，有些表面會有油光，所以最好還是先用中性清潔劑清洗乾淨。待完全乾燥並且於整體噴上消光噴霧後，才開始上妝。

14.

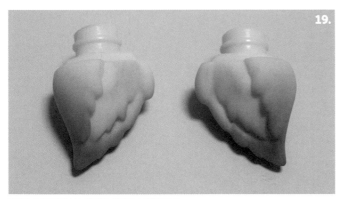

用茶色系粉彩顏料在可替換的獸耳塗上漸層色調。

19.

安裝眼睛，掌握樣貌，從淺淺的打底慢慢加深。

15.

用白色壓克力顏料添加打亮，最後噴塗上Mr. SUPER SMOOTH CLEAR超級平滑油性消光漆鍍膜。Tiny Fox娃娃的甜美女孩微笑妝即完成。

20.

若娃娃為張嘴的造型，則用壓克力顏料分別將嘴巴內側塗成粉紅色，牙齒則塗成白色，再用粉彩顏料添加陰影。嘴唇用粉彩輕輕上妝，最後再噴上Mr. SUPER SMOOTH CLEAR超級平滑油性消光漆鍍膜，男孩風的BLIND DOLL娃娃即完成。

16.

Sewing Lesson

by Akaicamera

Akaicamera的新設計是一套萬能大學T加褲子的款式，可讓3款27cm尺寸的BJD娃娃穿著。
BABY KUMAKO娃娃為短版，Tiny Fox則設計成長版。假領片和襪套讓穿著更顯個性，展現時尚造型風格。

Material（長×寬）

□ 上衣用薄針織：60cm × 15cm
□ 上衣用按扣：3組
□ 褲子用細平棉布：40cm × 15cm
□ 褲子用4芯鬆緊帶：80cm左右
□ 假領片用方格紋棉布：30cm × 15cm
□ 假領片用絨球織帶：20cm
□ 假領片和褲子用1.5mm寬緞帶：80cm
□ 襪套用橫條針織：20cm × 10cm

4.

在縫份的弧線部分剪出牙口，並且用熨斗將縫份燙開。

5.

將卡夫正面朝外對摺後，用熨斗壓燙。

1.

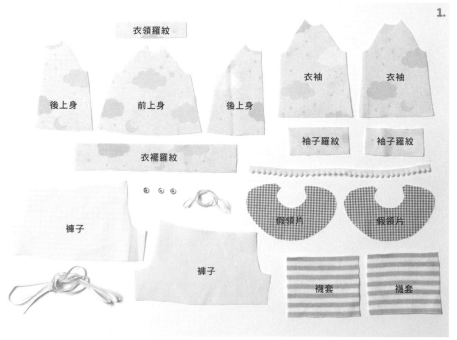

依照紙型裁剪布料，除了針織以外的布料裁切邊緣都先塗上防綻液。

6.

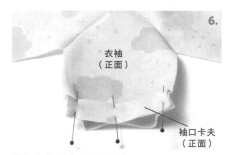

將袖口和袖口卡夫的縫份對齊重疊，用珠針固定兩端和正中央。

3.

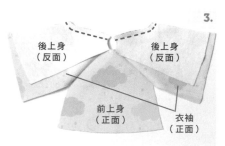

將衣袖和後上身分別正面相對縫合。

2.

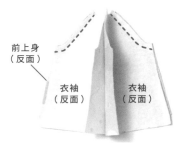

將前上身和衣袖正面相對縫合。

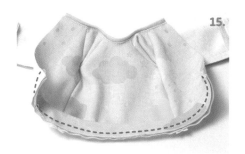

15.

一邊拉開衣襬羅紋一邊縫合。

11.

衣袖（反面）

將衣袖和上身正面對摺，從袖口縫合到腋下（不要縫到腋下縫份）。

7.

衣袖（正面）

因為袖口卡夫比袖口短，所以要將袖口卡夫一邊拉開一邊用車縫縫合。

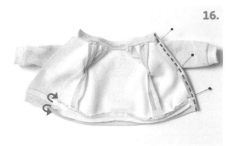

16.

將衣襬羅紋翻回正面，並且用熨斗燙開縫份。將後開口右邊縫份沿著完成線摺起縫線。

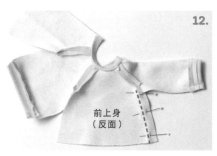

12.

前上身（反面）

接著從衣襬縫合到腋下（不要縫到腋下縫份）。

8.

衣袖（反面）

將袖口卡夫翻回正面，用熨斗將袖口卡夫燙開。

17.

將按扣縫在後開口的左右邊。

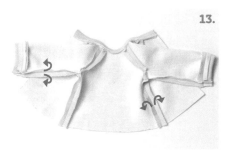

13.

用熨斗將衣袖和側邊的縫份燙開。

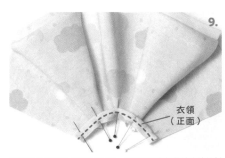

9.

衣領（正面）

衣領羅紋也同樣正面朝外對摺，將領圍和衣領羅紋的縫份對齊重疊，一邊輕輕拉開衣領一邊縫合。

18.

大學T即完成。

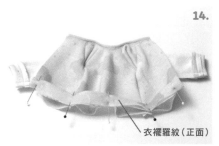

14.

衣襬羅紋（正面）

將衣襬羅紋正面朝外對摺後，用熨斗壓燙。將上身衣襬和衣襬羅紋的縫份對齊重疊，並且用珠針固定在合印點。

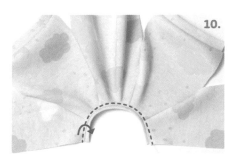

10.

將衣領翻回正面。將衣領的縫份往上身倒。

27.

在腰圍車縫上縫線，並且注意不要車縫在鬆緊帶上面。

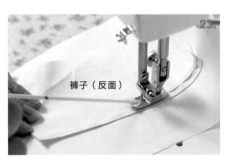

23.

裤子（反面）

一端縫2～3針固定後，一邊拉緊鬆緊帶一邊縫合至8cm的標記位置（在布料下面墊一張紙會比較方便車縫）。

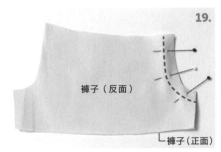

19.

裤子（反面）

裤子（正面）

接著縫製裤子。將左右邊的裤子正面相對重疊，並且縫合後中心。

28.

裤子（反面）

拉長鬆緊帶較長的一端並且分別對齊後面邊緣的標記後，用珠針固定。

24.

縫好後，剪斷鬆緊帶，並且將前中心的縫份用熨斗燙開。

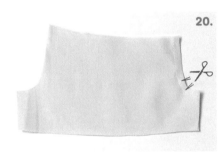

20.

在縫份的弧線部分剪出牙口。

29.

缝合後中心，並且在縫份的弧線部分剪出牙口。剪去多餘的鬆緊帶。

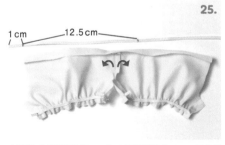

25.

1cm   12.5cm

在距離4芯鬆緊帶邊緣1cm處，以及距離此處12.5cm的位置標註記號。將腰圍的縫份（1cm）沿著完成線摺起。

21.

裤子（反面）

將裤子打開，並且將裤襠的縫份沿著完成線摺起縫線。

30.

裤子（反面）

將中心攤開，將股下正面相對縫合。

26.

用腰圍縫份夾住鬆緊帶後用珠針固定。

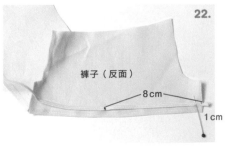

22.

裤子（反面）

8cm

1cm

在距離4芯鬆緊帶邊緣1cm處，以及距離此處8cm的位置標註記號。將鬆緊帶的一端放在比裤襠縫份稍微上方的位置後，用珠針固定。

39.

緞帶打結後剪成自己喜歡的長度，假領片即完成。

35.

從返口翻回正面，並且用熨斗整燙。

31.

將1.5mm寬的緞帶打結，剪成喜歡的長度。

40.

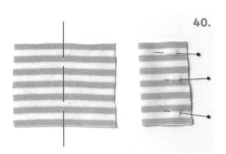

最後製作超簡單的襪套。將橫條針織正面對摺，依照紙型用珠針固定。

36.

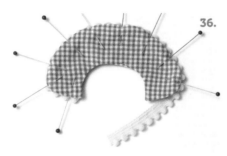

將絨球織帶重疊在外圈，並且用珠針固定。

32.

將褲子翻回正面，並且縫上緞帶，南瓜褲即完成。

41.

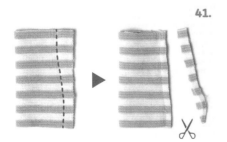

正確的版型為上面較窄、腳踝處較寬，縫上縫線後，保留約3mm的縫份並剪去多餘部分。

37.

將絨球織帶縫合後，剪去多餘部分並且塗上防綻液。

33.

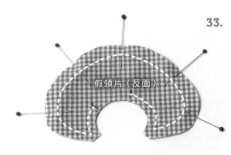

將2片假領片正面相對重疊，保留返口不縫後，縫合一圈。

42.

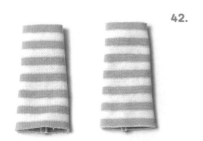

燙開縫份後翻回正面，襪套即完成。

38.

準備30cm左右的1.5mm寬緞帶，將領圍和緞帶中心重疊後用珠針固定，並且在表面車縫固定。

34.

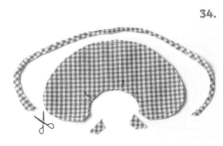

剪去縫份的邊角，在領圍的弧線部分剪出牙口。外圈保留2mm寬後剪去多餘部分。

利用列印布，輕鬆製作手工藝！

Print Dress Lesson

DOLCHU

就用列印布和接著劑
製作OBITSU 11尺寸的迷你服飾吧！
這次的服飾為迷你小紳士風格的「帥氣男孩造型」。
配上喜歡的襯衫完成穿搭吧！

MAKE-UP & DRESS：DOLCHU

Check!

請先從Dollybird官網下載紙型資料。
http://hobbyjapan.co.jp/dollybird/

請各位先至Dollybird官網下載
「帥氣男孩造型」的資料，
再於噴墨印表機放上
市售列印專用布並且設定
「100%尺寸」列印。

Mateeial

☐ 列印布（A4／無黏貼／布料款／白色）
☐ 手工藝用接著劑
☐ 針和線
☐ 魔鬼氈

藏青色套裝搭
紅色領結堪稱絕配！
他似乎能解決
一切事件。

帥氣男孩造型

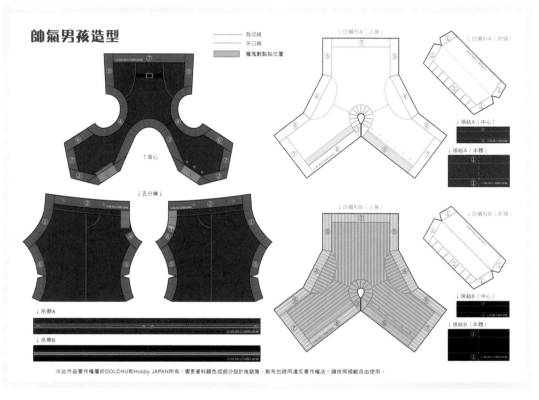

裁切線
牙口線
魔鬼氈黏貼位置

↑背心
↓五分褲↓
↓吊帶A
↓吊帶B

↓白襯衫A（上身）
↓白襯衫A（衣領）
↓領結A（中心）
↓領結A（本體）
↓白襯衫B（上身）
↓白襯衫B（衣領）
↓領結B（中心）
↓領結B（本體）

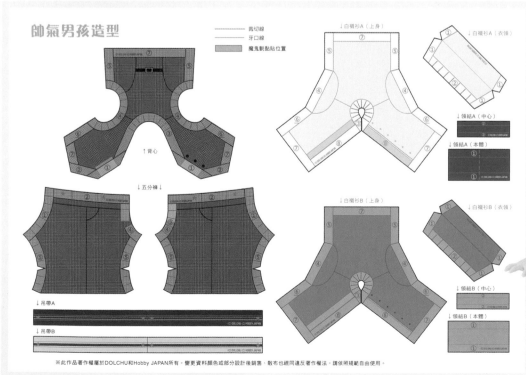

帥氣男孩造型

裁切線
牙口線
魔鬼氈黏貼位置

↑背心
↓五分褲↓
↓吊帶A
↓吊帶B

↓白襯衫A（上身）
↓白襯衫A（衣領）
↓領結A（中心）
↓領結A（本體）
↓白襯衫B（上身）
↓白襯衫B（衣領）
↓領結B（中心）
↓領結B（本體）

※此作品著作權屬於DOLCHU和Hobby JAPAN所有。變更資料顏色或部分設計後銷售、散布也視同違反著作權法。請依照規範自由使用。

格紋布料充滿濃濃
英倫紳士風。
襯衫和吊帶請自行搭
配喜歡的色調。

背心畫有鈕扣和後腰帶♪

Vest & Tie

7.

背心完成。

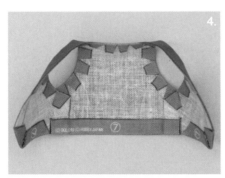

4.

在衣襬⑦剪出牙口後往內摺,並且用接著劑黏貼。

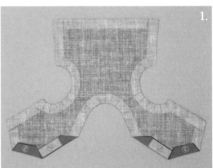

1.

「背心」前開處依照①～②的編號順序往內摺後用布用接著劑黏貼。

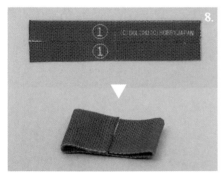

8.

在「領結(本體)」的反面塗上接著劑,將①摺起黏合。在後中心輕輕塗上接著劑後,將兩端摺起黏合。

5.

7.5mm(將15mm對摺)

10mm

將魔鬼氈剪成10mm × 15mm,在反面塗上接著劑,夾住並且黏在下前開口。

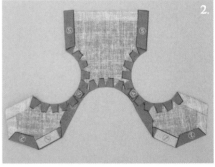

2.

在領圍③和袖口④剪出牙口。依照③④⑤的編號順序往內摺後用接著劑黏貼。

9.

在「領結(中心)」的反面塗上接著劑後摺細,並且捲在正中央收窄做出形狀的領結本體後,剪去多餘部分並且黏合,領結即完成。

6.

在另一側上前開口的內側黏上10mm × 5mm的魔鬼氈。

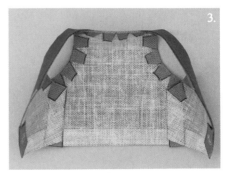

3.

在前側邊⑥塗上接著劑後和⑤黏合。

做好的襯衫衣領

彷彿經過壓燙般挺立！

Shirts

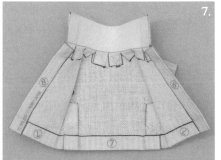

7.

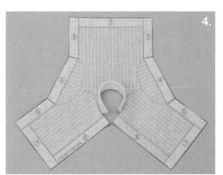

4.

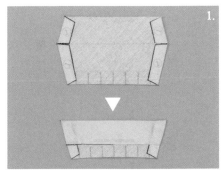

1.

依照衣襬⑦、前開口⑧的順序往內摺後用接著劑黏貼。

在衣領②反面塗上接著劑，並且沿著上身衣領黏貼（衣領、上身先往中心輕輕摺出摺痕，線條就很容易整齊）。

將「白襯衫（衣領）」①往內摺後用布用接著劑黏貼。在反面的上半部塗上接著劑後，沿著橫線往內摺。

8.

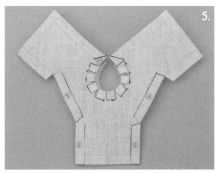

5.

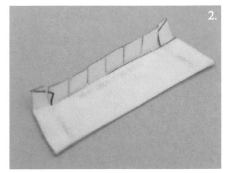

2.

將魔鬼氈剪成5mm × 33mm，用接著劑黏在前開口。

在袖口④剪出牙口後，④～⑤往內摺後用接著劑黏貼。

在②剪出牙口後往內摺形成摺痕。

9..

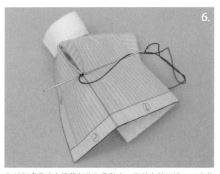

6.

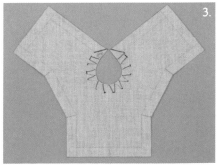

3.

將衣領反摺調整形狀，用接著劑黏上領結即完成。

在前側邊⑥塗上接著劑後和⑤黏合。用針在腋下縫2～3次後打結固定。

在「白襯衫（上身）」的領圍③剪出牙口後往內摺，並且用接著劑黏貼。

褲襬捲起的褲子，
吊帶該用哪種顏色呢？

Half Pants

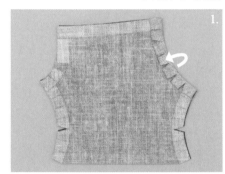

1.

在「五分褲」後股上①塗上接著劑後，左右正面相對黏合。在黏貼面剪出牙口，往前摺後用接著劑黏貼。

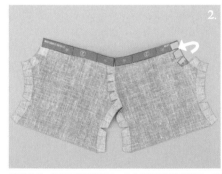

2.

打開褲子，在腰圍②剪出牙口，往內摺後用接著劑黏貼。在前股上③剪出牙口，往內摺後用接著劑黏貼。

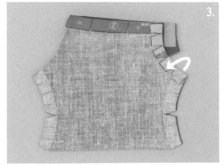

3.

在前股上④剪出牙口，左右正面相對黏合，並且將黏貼面往前摺後用接著劑黏貼。

4.

打開成褲子的形狀後，將股下⑤正面相對黏合。

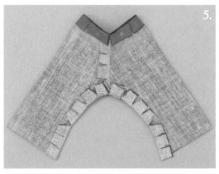

5.

在股下⑤剪出牙口，將黏貼面往後摺後用接著劑黏貼。

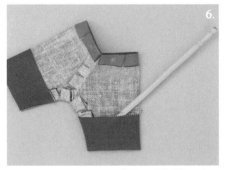

6.

將褲襬反摺1.5cm。用牙籤沾取接著劑，薄薄塗抹在反摺的褲襬間隙黏合，不要黏歪。

7.

將褲子翻回正面。將魔鬼氈剪成5mm × 10mm，用接著劑黏在前開口的左右。

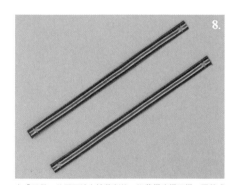

8.

在「吊帶」的反面塗上接著劑後，沿著摺痕摺三摺，再剪成一半。

9..

將吊帶交叉在背後，並且用接著劑黏貼在褲子腰圍的合印點★。將褲襬反摺，並且用熨斗壓燙出中央摺痕即完成。

72

THE SMALL UTOPIA & THE CATS

由KLOKA DOLLHOUSE推出的貓咪娃娃系列
「小小烏托邦和貓咪」。
本篇將介紹在小小烏托邦生活的各色貓咪。
這次要帶大家一窺喜歡時尚的奶茶色貓咪「SIBYL」及他的假日生活。
SIBYL將自幼認識的貓咪好友召集在房間是要做甚麼呢？

Kloka Dollhouse vol.2

SIBYL'S DRESS-UP PROJECT

FORMAL BANQUET at the PALACE

GIRLS' NIGHT OUT

WORKING DAY

SHOPPING WITH FRIENDS

ZZZZ...

ZZZ...

奶茶色貓咪娃娃「SIBYL」價格未定　預定2023年販售
暹羅貓貓咪娃娃「ARTEMIS」價格未定　預定2023年販售
俄羅斯藍貓咪娃娃「ARIA」（販售結束的商品）

拖把狗人偶「LILAPS」參考商品
衣櫃、沙發、花瓶、桌子、壁燈
腳凳椅凳、室內小地毯、坐墊、服裝、包包、配飾
KLOKA DOLLHOUSE預定於2023年販售

三人是自幼一起長大的好朋友，也都是在宮殿中不同辦公室工作的實習生。

Aria

ARIA（ARIADNE）
14歲
園藝師實習生
電影短片主角

小臉蛋
奇心旺盛、想像力豐富
有「始祖貓」的血脈

負責管理宮殿的庭園
和巨大的庭園迷宮
越來越接近隱藏在迷宮中心的「秘密」。

Sibyl
SIBYL 14歲

工作內容彷彿巫女般，利用針線在刺繡中編織著過去與未來的真實歷史。

她是手藝刺繡坊工作室的實習生。

熱愛時尚、好勝心強
社交達人，
但是朋友很少，
對待工作非常認真。

Artemis
ARTEMIS 14歲

觀察位在宮殿一室中的「小宇宙」，占卜小小烏托邦的未來。

她在觀測煙塵（星球）的觀測即辦公室擔任實習生。

神秘莫測、不喜歡和其他貓咪往來
冷靜、淡漠（並英目覽）
缺乏社交性
散發研究學者的處女氣質

工作就像一名「追蹤者」，負責找出在小小烏托邦失蹤或漂流至此的人。

SHORT FILM The Small Utopia & Cats

The Small Utopia
& The Cats
官方網站

你知道為什麼貓咪一整天都在睡覺嗎？

你知道貓咪鎮日睡覺的原因嗎？

每間辦公室都被交付了特殊的任務，並且巧妙地對外隱藏了各個辦公室的「真正工作」，甚至連賦予工作的本人都不知道真實的全貌。這7間辦公室運行的事務，還有這座宮殿本身，對於14歲還很年輕又敏感的青少年來說還無法想像（不，或許有的年輕人已經漸漸有所察覺。）。漸漸接近真實的3隻貓咪，未來將有甚麼等待著他們？

貓咪們在睡覺的時候其實都身處於另一個世界，那就是「小小烏托邦」。而貓咪生活在小小烏托邦時又會是哪一種模樣？在做些甚麼？而且在想些甚麼？

這裡介紹的14歲貓咪們，恰好都住在位於小小烏托邦世界中心的「宮殿」，並且在這裡工作。宮殿有7間辦公室，這3隻貓咪分別在不同的辦公室擔任實習生。這3隻貓咪的才智都受到大家認可，而剛好在同一時期接到宮殿的召喚，自幼一起長大的好友們每天都相互扶持見證彼此的成長。

電影短片的主角「ARIA」，在園藝師辦公室負責宮殿庭園花草和巨大庭園迷宮的維護、奶茶色貓咪「SIBYL」在刺繡巫女辦公室負責在刺繡中傳遞過去與未來的真實歷史，遢羅色貓咪「ARTEMIS」在被分發的辦公室負責觀察位於宮殿一室的「小宇宙」，占卜小小烏托邦的未來。

這3隻連載的內容並不是認真正經的職場日記，而是3隻貓咪平常休假的番外篇故事。SIBYL約了另外2隻貓咪來到自己的房間，開始指點大家的時尚穿搭，歡迎大家在電影短片觀賞 The Small Utopia & The Cats 第一章「ARIA」的故事。

 thesmallutopia_and_thecats

Neo Blythe「Suri Sustainable」
●21,000日圓 ●2022年11月發售
▲套組中的娃娃為拿鐵色膚色，還附有正面棕色和綠色的特殊色眼珠。

TOP SHOP限定Neo Blythe
「Lovely Katherines Corner」
●25,500日圓 ●2022年10月發售
▲娃娃的規格為奶油色膚色，搭配4種特殊色眼珠和鋸齒狀睫毛。

CWC

第21年的週年紀念娃娃首次使用了Radiance Evolution臉型。

CWC限定21週年紀念
Neo Blythe「Juno Estella」
●32,890日圓 ●2022年9月發售
▲娃娃的規格為半透明奶油色膚色，搭配4種特殊色眼珠，髮色為全新色調墨藍色。

Neo Blythe「Blue Rabbit」
●20,350日圓 ●2022年7月發售
▲套組中的娃娃為白皙膚色，並且搭配淺棕色（正面）的特殊色眼珠。

---

volks

VOLKS製作的Super Dollfie ® Wizarding World Collection第2波娃娃——哈利波特和石內卜！這是「哈利波特Mahou Dokoro」的限定娃娃，正接受預約受理中。

下旬開始依序寄送。
先行哈利波特和先推出的榮恩一樣，都是使用全高54cm的SD男生身體製作成型，並且於8月

Super Dollfie ®「哈利波特」
●121,000日圓 ●2022年1月9日預約截止
▼哈利波特套組娃娃中有眼鏡、一套衣服、魔杖、持魔杖的手，還有「劫盜地圖」紙藝手作。赤坂的Mahou Dokoro、天使之里、Dolls Party 48都有擺放展示品，歡迎喜歡的人前往參觀選購。

Super Dollfie ®17「賽佛勒斯·石內卜」
●165,000日圓 ●2022年1月9日預約截止
▲套組中包括一套服裝、魔杖、持魔杖的手，還有一本魔藥學迷你書。

創意造型©造型村 / VOLKS Super Dollfie ®是株式會社VOLKS的註冊商標。

石內卜老師使用全高65.5cm的SD17身體，預計將於2023年8月下旬寄送。

takara tomy

美樂蒂、酷洛米、角落小夥伴等，因應聖誕節的特殊莉卡娃娃陸續登場！

▶這是睡衣和家居服套組，不包括娃娃。

「角落小夥伴　睡衣派對套組」
● 4,180日圓
● 2022年12月發售

▲杯子、牙刷、拖鞋等配件也相當豐富。

「LD-08最愛角落小夥伴　莉卡娃娃」
● 4,180日圓
● 2020年10月發售
▲莉卡娃娃本體在這裡！

「最愛角落小夥伴　莉卡娃娃的房間」
● 5,390日圓
● 2022年12月發售
▲白熊電腦、貓咪手機、蜥蜴馬克杯等配件豐富！不包括娃娃。

LiccA時尚造型娃娃系列
「美樂蒂甜蜜粉紅造型」「酷洛米辛辣黑暗造型」
● 各13,750日圓
● 2022年10月發售
▼這組娃娃以美樂蒂和酷洛米為主題，包裝設計成兩只娃娃並排展示在心形櫥窗的樣子。

good smile company

12月起大家除了可以購買Harmonia bloom整組娃娃，還可以只購買服裝套組或娃娃本體。

Harmonia bloom blooming palette「twilight」「dawn」
● 各4,000日圓　● 2022年11月發售
▲請至「#Harmonia中有關化妝的特設網站」查詢。

Harmonia bloom Make Head「Hermes」「Aphrodite」「Demeter（再次販售）」
● 各15,000日圓　● 2023年8月發售
▲由左至右分別為Hermes（新品）、Aphrodite（新品）、Demeter（再次販售）。

Harmonia humming
特別服裝系列
「碎花連身裙
（藍色／粉紅色／紅色）」
Designed by SILVER BUTTERFLY
● 各10,000日圓　● 2022年11月發售

Harmonia humming特別服裝系列
「軍裝大衣（卡其綠／藏青色）」
Designed by SILVER BUTTERFLY
● 各12,000日圓　● 2022年11月發售

黏土娃服裝套組
「喵咪穿搭（黑色／紫色）」
● 各4,200日圓　● 2023年7月發售

黏土娃服裝套組
「偵探：Boy（灰色／棕色）」
「偵探：Girl（灰色／棕色）」
● 各5,400日圓　● 2023年8月發售
▲裙子、褲子都有灰色和棕色款。

▶頭髮為水藍色的雷姆，服裝和頭髮為粉紅色的拉姆，以布料和PVC材質的組合重現。

黏土娃「拉姆」「雷姆」
● 各8,900日圓　● 2023年9月發售

「Harmonia bloom Masie Red Riding Hood」
● 娃娃套組49,800日圓
服裝套組20,000日圓
娃娃本體27,000日圓
● 2023年10月發售
▲有3種購買選項方便玩家選購！娃娃本體只有已經完妝的素體。

黏土娃　內褲套組Girl
● 1,550日圓　● 2023年7月發售

azone international

Sugar Cups第2次的活動於12月17日在Azone Labelshop秋葉原店舉行，也會巡迴至名古屋展出！

「謹賀新年2023／Minami（AZONE直營店限定版／Doll Show AZONE線上商店限定版）」
●各15,400日圓 ●2023年1月發售
▲右邊的娃娃為兩邊各綁起一縷頭髮的版本，是1月22日娃娃展上的限定版！

Sugar Cups「Candyruru～Jolly Candy Cane～Sugar Sugar Party II舉辦紀念（AZONE直營店限定販售）」
●20,900日圓 ●2022年12月發售
▲「Sugar Sugar Party II」紀念娃娃以聖誕節的經典拐杖糖為設計主題。

Primrose × SugarCups「Chocolala～Little Milky Cat～」
●20,900日圓 ●2023年5月發售
▲這是與Primrose聯名合作的娃娃，充滿裝飾細節的洋裝和髮箍超可愛。

Sleep × Sugar Cups「Biscuitina～Peppermint Time～」
●18,700日圓 ●2023年3月發售
▲這是與Sleep聯名合作的娃娃，擁有一頭清新的胡椒薄荷色捲髮。

EX☆CUTE「Miu / Sweet Memory Coordinate Doll set～淺粉紅髮色～」
●8,800日圓 ●2023年2月發售

EX☆CUTE「Chiika / Sweet Memory Coordinate Doll set～亮棕色髮色～」
●8,800日圓 ●2023年2月發售

▲Rino使用OBITSU 50、AZO2（G胸）的身體，左邊為Red amaryllis ver.，右邊為Blue delphinium ver.。

Narcisse Noir × Iris Collect「Rino／Winter Holiday～冬季的聲音～（Red amaryllis ver.／Blue delphinium ver.）」
●各64,900日圓 ●2022年12月發售

▲身體使用Pureneemo Emotion S素體，左邊為玫瑰金ver.，右邊為玫瑰粉紅色ver.。

Alvastaria「普莉姆～千金小姐的下午茶時光～（玫瑰金ver.／玫瑰粉紅ver.）」
●各17,600日圓 ●2023年6月發售

▲Mark Tinkey以春天的報春花為意象所設計。

FR: Nippon™ Collection「Primrose Misaki™」
●25,000日圓 ●2022年9月發售

▲設計主題為只在南半球盛開的花卉，野花。

FR: Nippon™ Collection「Wildflower Misaki™ Doll」

©2022 AZONE INTERNATIONAL /©Out of Base
©2022 omoiataru/AZONE INTERNATIONAL
OBITSU BODY®を使用しています
©2022 Integrity Toys, Inc. Chesapeake city, MD 21915 USA. All Right Reserved.

| 商品洽詢 | AZONE INTERNATIONAL | www.azone-int.co.jp |

groove

這次與多家風格強烈的日本時尚品牌攜手，推出各色聯名合作的娃娃！

PULLIP「Mana～Elegant Gothic Lolita～Rose cross JSK」
●30,470日圓 ●2022年12月發售
▲這是和「Moi-même-Moitié」聯名合作的娃娃。

PULLIP「Comet」
●35,200日圓 ●2022年11月發售
▲這是和「ha｜za｜ma」聯名合作的娃娃。

PULLIP「Möer」
●35,200日圓 ●2022年11月發售
▲這是和「DimMoire」聯名合作的娃娃。

PULLIP「Mayle」
●29,700日圓 ●2022年10月發售
▲這是和「Rouge Ligne」聯名合作的娃娃。

PULLIP「Fu-Tillet」
●27,280日圓 ●2022年7月發售
▲這是和「Triple Fortune」聯名合作的娃娃。

©Moi-même-Moitié ha｜za｜ma ©DimMoire ©Rouge Ligne ©Triple Fortune ©Cheonsang cheonha. All Rights Reserved.

| 商品洽詢 | groove | www.jgroove.jp |

PetWORKs

2023年的生肖為兔子！momoko和ruruko，以及六分之一男子都以黑白色兔子之姿陸續登場！

「CCS 22AN momoko」
●23,100日圓
●2022年8月發售
▲娃娃使用膚色白皙的COOL臉模，捲髮造型讓人眼前一亮。

「Today's momoko 2209」
●17,050日圓
●2022年9月發售
▲青少年身體規格，由PW商店等地方限定販售。

「CCS momoko橫濱人偶之家 偶像？展Ver」
●20,900日圓
●2022年10月發售
▲由橫濱人偶之家、PW商店等地方限定販售。

「CCS 22AW momoko」
●23,100日圓
●2022年11月發售
▲薄紗連身裙配軍裝大衣的甜酷混搭風。

「CCS 23生肖momoko兔（bk／wh）」
●各20,900日圓 ●2022年12月發售
▲兔子風格的長雙馬尾，使用膚色白皙的HONEY臉模。

「CCSgirl 23生肖ruruko兔girl／boy」
●各20,900日圓 ●2022年12月發售
▲身體規格為Pureneemo FLECTION XS女孩和男孩，附招手零件。

「CCSgirl 22AW ruruko girl／boy」
●各22,000日圓 ●2022年11月發售
▲男女都是軍裝大衣的穿搭造型。

「學校ruruko girl／boy」
●各22,000日圓 ●2022年10月發售
▲造型靈感為舊時代的學生造型。

「Fresh ruruko 2207 PSbl／PSsv」
●各16,500日圓 ●2022年7月發售
▲這是OBITSU 22身體的ruruko。由PW商店等地方限定販售。

▶六分之一男子圖鑑「復古數位EIGHT／NINE」
●23,100日圓
●2022年8月發售
▶EIGHT有附太陽眼鏡，NINE有附眼鏡。

▶六分之一男子圖鑑「B2207 EIGHT／NINE」
●各17,600日圓
●2022年7月發售

六分之一男子圖鑑「NINE ae [KABA]」
●23,100日圓 ●2023年6月發售
▲這是人偶服裝創作者KABA的設計，在PW商店等地方限定販售。

六分之一男子圖鑑「60年代EIGHT／NINE」
●各25,300日圓 ●2022年10月發售
▲EIGHT是60年代軍裝大衣風格，NINE是60年代搖滾造型風格。

六分之一男子圖鑑「23生肖兔EIGHT／NINE」
●各22,000日圓 ●2022年12月發售
▲全高28cm的EIGHT和29cm的NINE，身穿的連身衣背後有兔子刺繡。

| 商品洽詢 | PetWORKs 娃娃事業部 | www.petworks.co.jp/doll/ |

sekiguchi

在momoko DOLL 20週年紀念的復刻企劃投票中，榮登第一名的「Midnight Rose」推出復刻版娃娃！

▶ 在橫濱人偶之家的momoko展等活動先行發售。

「20th復刻企劃 Midnight Rose」
● 15,180日圓
● 2022年12月發售
▶ 2008年的傳奇娃娃推出復刻版，還重現了逼真的睫毛。

「Wake-UP momoko DOLL WUDsp 橫濱人偶之家black／white」
● 各8,250日圓
● 2022年9月發售

商品洽詢 株式會社SEKIGUCHI 客戶服務中心 ☎ 0120-041-903

momoko™ ©PetWORKs Co., Ltd.Produced by SEKIGUCHI Co., Ltd.

「迷你Hitszie 004」
● 7,150日圓
● 2022年12月發售
▶ 身體為OBITSU 11的迷你Hitszie，膚色為純白色。

※ 不包括衣服和鞋子。
Outfits and Shoes are not included.

「Labyrinth Odeco」
● 19,800日圓
● 2022年6月發售
▲ 臉模設計出自Nanami Junko之手，身體為Pureneemo XS尺寸。

「生肖Usaggie 2023」
● 6,930日圓
● 2023年12月發售
◀ 2023年的生肖是兔子！娃娃有雙紅色杏仁眼。

---

momoko DOLL 20周年記念

偶像？展
— momoko 是偶像嗎？—

2022年9月10日（六）～11月6日（日）
at.橫濱人偶之家

momoko DOLL 20週年紀念的年末活動就舉辦在橫濱人偶之家，主題為「偶像」。活動中除了展示momoko打扮成昭和到令和的偶像造型，還有投票和座談會，吸引大批粉絲玩家。

▲ 除了偶像裝扮之外，還有官方照片、偶像T恤等，周邊商品豐富。

▲ 中央舞台展示了momoko裝扮成各個世代的偶像造型，並且以投票決定製作成正式商品的娃娃。

▲ 展示的歷代娃娃也散發著偶像魅力。

▲ 還可以發現元祖偶像製作的令和偶像「tanuQn Friends」momoko！

▲ 依照唱片封面造型，將momoko裝扮成聲優兼歌手的小林愛香。

▲ 和Holly聯名合作的娃娃中，還有「All About momoko DOLL」的封面娃娃。

▲ 會場還有展示元祖男變女偶像「停止！！雲雀娃娃」的第2波娃娃。

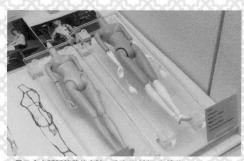

▲ 展示盒中靜靜躺著的身體，手腕可以拆下和轉動！

▲ 中央的空間還展示了SiDesigns的1/6娃娃屋！

Doll Show 2022 Summer
—Doll Show 66夏天—
2022年5月29日（日）at.東京都立產業貿易中心濱松町館

2022年5月底的娃娃展已是在新冠疫情生活下舉辦活動的第2年，不論參展者還是觀展者似乎都已習慣新的活動形式。從單純的目標購物結束即回家的模式，變得能稍微放鬆、觀賞周圍、樂在其中的樣子。

上州屋吳服店

1/6尺寸的時髦和服，腰帶和頭飾的組合搭配精彩豐富。穿搭風格也很巧妙，momoko很適合穿上和服。

RosenliaDoll

MDD & DD尺寸的連身裙設計主題分別為，純白色的「花語書信」和粉紅色的「貓咪毛線坊」。假髮和眼珠也都是原創設計。

Michelle petite rose

1/6尺寸的洋裝色調竟如此典雅。緞帶刺繡和褶飾刺繡的技藝高超，美麗非凡得讓人無法直視。

Nature

Nature擅長將亞麻和liberty印花布料的質樸運用於自己的設計中。這次在他第一次參加娃娃展的活動上，分別展出了Neo Blythe、Middie Blythe、POPMART泡泡瑪特3種娃娃尺寸的作品。

Yakimaruya

連身裙的版型工藝巧妙，以具設計感的衣袖，搭配上下身一體成形的公主裙廓型，讓人眼睛為之一亮。連船長帽都親自設計製作。

onemukingdom

DDH-01的娃頭妝容如水彩般通透純淨，非常可愛。眼窩填有軟膠材料。

Otonasi

人偶服裝創作者Otonasi的「Anonymous Dress」造型輪廓簡約，上身和衣袖的荷葉邊細節卻讓人驚艷不已。

AROMA MIST SMALL

在超迷你鞋坊中發現了Fortune Wanda娃娃尺寸的鞋子，鞋子設計的尺寸為OBITSU 11的大小而且細節滿滿。

nAnnAn

美甲師puuumame自製原型設計出莉卡娃娃穿的鞋子，還一一為鞋子描繪圖案！荷蘭鞋上細膩的圖案描繪讓人心醉不已。

November Doll

以鉤針編織出森林家族（包括小寶寶）尺寸的圍裙洋裝，不愧是綿羊家族，超適合羊毛材質。

memeyom

歐根紗洋裝大量運用了mokuba木馬蕾絲，如此難縫製的材料，連反面都縫製得精美雅緻，創作者的技藝出神入化。

cronne by arnica

洋裝「window side dress」中央的褶襉設計令人印象深刻。除了設計出60cm娃娃的尺寸，也縫製了1/6比例的Harmonia娃娃尺寸。設計精緻，讓人著迷。

Talice

27cm尺寸的精緻薄紗連身裙，呈現巧妙絕美的不同色調。讓珍妮和蘿拉顯得和樂融融、感情融洽。

nemurikonemuko

ruruko尺寸的新款洋裝「庭園連身裙」，在薄細布搭疊了細緻的蕾絲。服裝也適合Harmonia bloom娃娃穿著。

White sparrow

SD Gr尺寸小紅帽套組在會場中超級醒目，散發柔和光澤的洋裝是將絲質布料以雙經線的方式縫製而成。

UNIVERSAL POOYAN

改裝娃娃以1/6尺寸的原創娃娃素體結合了non式體幹零件，布滿刺青的手臂突顯了身體線條。

ahirumichi

以櫻花為設計主題的連身裙和家居服套組。雖然包包並未出現在照片中，不過包款的緞帶設計也超漂亮。

SATTON

手作的1/6比例家具、門、地板、牆面等都接受單生產！椅腳削切成貓腳般的法式椅也很搶眼。

kozzzy

長版襯衫的門襟和6顆鈕扣的設計，在縫製上都非常耗費心力。除了六分之一男子圖鑑的娃娃之外，也適合女生娃娃穿著。

I・Doll VOL.65

2022年7月24日（日）
at.東京流通中心（TRC）

I・Doll為亞洲規模最盛大的娃娃人偶手作展售會，於盛夏的7月24日在東京流通中心舉行。
新冠疫情之後許久未見的國外參展者，以及觀展者都漸漸回歸，會場上購物的排隊人潮，
和抽選活動的熱絡場面都格外得引人注目。

MemoriMento

夏威夷襯衫在盛夏時分的會場上雖然很受歡迎，但是考慮到商品實際出貨的時間，或許冬季穿著的布勞森夾克和羽絨服更為適合！

Petalo & AUTO

作品中的服裝為Petalo的設計，動物娃頭則是uratoberei的設計，又像布娃娃，又可像換裝娃娃變化穿搭，擁有兼具兩種玩法的優點。

MODE ETLAN

帽子創作者svetlana創作的迷你帽為1cm大小差距的系列商品，能找到尺寸剛好的帽子真是幸運！

6*dolce

OBITSU 11娃娃和小不點玩偶都可以背的背包，而且背帶還可以調整長度，讓娃娃的背影更加可愛。

毛根屋森田

以馬戲團為主題的可愛毛根動物大集合！動物造型棒和踩球系列都讓人看得目不轉睛。

chirimenjako & denkyucafe

中國服的布料雖然較厚，但是連微微露出的裡布都縫製得相當精巧，運用布料花紋的設計，雅致美麗。

suzuka

suzuka創作者的商店展示充滿強烈的個人風格，包括寫有「バター（意思為奶油）」字樣的上衣。連同麵包一起購買也別有一番樂趣。

porte oeufs

展位集結了10位人氣創作者的作品，繽紛華麗！Keiko kikuchi的布娃娃讓抽選活動更加激烈！

KOBITOYASAN

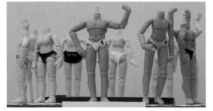

OBITSU 11不同體格的零件展示琳瑯滿目！吸睛的肌肉體型在轉盤桌上展示，讓人無法移開視線。

Lunaria＋

SD17 & Gr娃娃的服裝套組精緻典雅，致敬「大亨小傳」重現1920年代的時尚造型。

DOLK TOKYO

可愛的耐熱假髮是由DOLK的店員以極細麻花辮一一編成的愛心髮型。

Pieni（Miniarchi）

nunono展位上的1/12尺寸彎曲木沙發和桌子呈現復古色調，小巧可愛。

re*colle

設計了滿滿的徽章和蕾絲，讓人目不暇給。除了cocoriang娃娃尺寸外，還有20cm的布娃尺寸。

lilmint.

色調清爽的白色包包屁衣，在方形圍兜上裝飾了圓珠和黑白刺繡。

pantalgic-mini.

創作者的技藝超凡，製作了cocoriang娃娃尺寸的洋裝，還有美味可口的迷你食物。

草莓塔＋
METEO RITE

人氣改裝娃娃二人組，經過一番激戰成了私人收藏展示。音之進是利用補土加上染色自製的心愛創作。

H-NEST

這些是比森林家族寶寶還迷你的動物娃娃，頭部利用磁鐵添加了各種裝飾，令人喜愛。

nagase electric works

迷你護目鏡還有適合森林家族寶寶配戴的尺寸。另外，據說琴弦製作困難高的吉他暫時缺席出展。

cocoriang

發現了淹沒在Pet娃娃中的蝸牛「Dari」，如翻糖蛋糕超級可愛。

Petit Ribbon

包括蘿莉風強烈的印花大學T在內，整體造型的完整度令人甘拜下風。改裝的娃頭也很俏皮可愛。

BELLE MA POUPEE

少見的姊弟裁縫師搭檔，弟弟設計和造型，姊姊縫製。作品呈現豐富的想像力，品質也極佳。

Doll Show 2022 Autumn
－Doll Show 67秋天－
2022年9月11日（日）at.東京都立產業貿易中心濱松町館

為了緩和爭奪限定娃娃的激戰，「Doll Show」新增了早場入場整理券等
全新的嘗試，引起大家的討論。
久違地在4樓一整層的空間舉辦活動，彷彿看到新冠疫情前的熱潮。

risubaco stock

韓國gf Dolls藝術玩具GEPPETO FRIONDS拓展到日本市場。構造簡單、全高8.5cm的大小恰到好處，令人愛不釋手。

imomodoll

本刊在特輯中曾提及來自中國的27cm BJD新勢力。當中備受期待的明日之星「imomodoll」進軍日本。

這顆星球的角落

用亮片和紙藝做出1/6尺寸的花卉頭冠，極光色調襯得髮色更加漂亮。

cbcd.（一點一點批發商）

1/12尺寸娃鞋用3D列印成完整套件販售，如此創新的手法不禁令人荒爾。其中還有扣在腳踝關節穿上的鞋款。

NOIX

緞帶圖案為重點的連身裙。碎褶滿滿卻又典雅的衣袖，和貼合肩膀的衣領，處處展現出手藝之精妙。

Etoile_Dragee

帶角髮箍都是一一翻模製成，很適合RSDOLL等60～70cm大小的娃娃。

A line

新款刺繡緞帶連身裙為偏成熟風的葡萄色，有兔子圖案的連身裙，也以紫丁香色調造型讓人聯想到秋天氣息。

Anemone

聽說超寬鬆的破損針織衫竟是手工編織而成！下身為褲裙。

chibiminico

1/6 Little Fox尺寸的洋裝套組散發滿滿的甜美女孩風。扁面蛸的印花功不可沒。nico*的妝容設計也超級可愛。

be my baby! Cherry

在娃娃展會場販售的新品「Lucy」吸引眾多人潮排隊，兩個紅色膚色的Cherry娃娃BEBE和BUBU為日後預計販售的娃娃。

KINOKOJUICE

原創娃娃「LUNA」的ONE-OFF娃娃作品，展示的娃娃分別出自「vanilatte ×KINOKOJUICE」和「nemurikonemuko × momiji」的設計，創作之精緻令人驚嘆。

chima group

原創軟膠娃娃Kanicoro突出的眼球和慵懶的造型可愛至極，可以和第一代莉卡娃娃共穿鞋子。

HANON

這是深受日本國內外玩家喜愛的超人氣創作者HANON的展位，除了完整作品之外，展示的套件也吸引大批人潮排隊！展示陳列得超漂亮。

allnurds

allnurds的作品呈現低調絕美的時髦感，單肩裙子和針織衫的服裝套組，不論哪種色調搭配都完美時尚。

Lazy Afternoon

發現1/3娃娃尺寸的工具系列！裡面有超迷你螺絲起子、電動螺絲起子，還有捲尺，讓人超想擁有這套工具組。

QLY

可愛的復古帽子展示架，上面戴著Blythe娃娃尺寸的帽子！喜歡畫畫的人可挑戰自行手繪圖案。

nananogh chocolata

洋裝設計的原創髮辮圖案，與Blythe的髮辮髮型風格形成絕妙搭配！一起展示的口金包商店娃娃屋也很引人注目。

cece

cece的睡袍與Atri的束衣，兩人在設計上的精采交手讓人看得如痴如醉！在色調使用上極為克制，卻極度講究細節的細膩與精緻，每個部分都經得起細細品味。

STAR

STAR彷彿一家娃娃醫院，也有從事娃娃修補的工作，在活動中示範了可以乾淨清除軟膠娃娃汙垢和染色的「清潔劑」和「汙垢清除劑」，引起許多玩家的關注。

Harmonia bloom 初展

2022年4月2日（六）～5月22日（日）
at. Azone Labelshop秋葉原／大阪

Good Smile Company原創娃娃「Harmonia bloom」的第一次活動，集結了眾多
人氣娃娃服裝設計師和化妝師！除了有華麗的ONE-OFF娃娃作品和服裝之外，
由插畫家展出的全新繪圖創作也陳列其中，展示活動相當盛大。

植物少女園（石長櫻子）
小小RIRUKA

這個珍貴ONE-OFF娃娃由系列原型創作者石長櫻子製作，從妝容到服裝由其親自設計。

五十嵐椛×Rico*（vanilatte）
Lulu

五十嵐椛和Rico*聯合創作的雙胞胎Lulu和Lala。Lulu為白色服裝搭配紅色妝容。

五十嵐椛×Rico*（vanilatte）
Lala

Lulu和Lala的服裝彼此相對映照。Lala還在假髮中加入點綴紫色的挑染。

五十嵐椛×Rico*（vanilatte）
Camila

作品利用娃娃健康的Sunset膚色，設計出純白的服裝。如亮片般閃爍光芒的模樣讓人沉醉不已。

camellia「Honey Dream」

作品以即將進入冬眠的熊為設計意象，樸質的古典材料將Sunset膚色襯托得更加顯眼。

FunnyLabo × FANFARE!
「繽紛熊耳娃娃」

熊耳娃娃的服裝和妝容色調活潑，一下就吸引到大家的目光。圓呼呼的熊耳超級可愛。

upataro × Primadonna
「Fierte」

root娃頭變身成優雅女孩，淡紫色的服裝和假髮似乎飄散著微微香氣。

NIJIQO「Day&Night」

一身偵探服的男孩還拿了一隻可愛的狗狗手杖。NIJIQO水彩畫般的妝容也令人著迷不已。

chouchou × nemurikonemuko
「庭園少女」

chouchou清透的妝容與nemurikonemuko精緻的服裝呈現完美搭配，勾勒出永遠的少女形象。

nico／龍田
「那裡春天也將到來～要想我～～煩憂～」

清爽的條紋洋裝由nico親手縫製，搭配了漫畫般的眼珠和水彩妝容，令人耳目一新。

Out of Base × Akaicamera
「撒哈拉公主」

主題為沙漠公主，從衣服間隙隱約顯露的腹部與大腿充分展現出Harmonia娃娃的優點。

Sayaendooo × MYSTIC MOON 「Pastel Color's girl」

身穿制服、頭戴貓耳耳機的女孩，還附上連帽衣和洋裝，多了變換穿搭的樂趣。

Sayaendooo 「Spring pastels」

服裝套裝為無袖連身裙疊加連帽衣的造型。

kanihoru 「螃蟹水手服套組」

kanihoru原創的螃蟹刺繡水手服。

BABYDOW「愛麗絲和服洋裝」

水藍色搭配白色蕾絲的褲裙連身裙，從袖子露出的條紋裡布時尚優雅。

Atri「玲蘭的和服套組」

和服如花苞般的裙襬輪廓既可愛又時髦。

cece 「Négligé en coton睡袍套組」

充滿空氣感的柔軟細棉布睡袍，原布層層疊加的設計柔美細緻。

Daisy-D「暗黑森林少女」

靜謐漆黑的洋裝，添加了大量的蕾絲、細褶、碎褶。

HANON 「穿上Bourgeon Dress，帶著吐舌布偶熊逛美術館」

洋裝使用了HANON原創的玫瑰圖案布料。娃娃帶著布偶熊一起逛美術館。

LIEN「Chat noir」

發想自Dorothy的小黑貓，裝有金屬線的尾巴可以自由活動。

miniature POP-UP book 「Dorothy's House」

紙本娃娃屋的設計意象來自Dorothy的房子。可收在迷你書盒中。

織尋「礦物眼珠」

為了Harmonia娃娃製作的樹脂眼珠，其中添加了礦物，所有的設計都僅此一件。

FR Nippon Designer's Collection Part6

2022年6月4日（六）～8月7日（日）
at. Azone Labelshop秋葉原／名古屋／大阪

「FR Nippon」是Jason Wu專為日本設計製作的前衛時尚娃娃，今年已來到10週年！
這次展出的主題為創作者第6次的ONE-OFF系列作品「Nippon女孩」。
細膩的妝容和充滿趣味的服裝造型吸引大批人潮前來觀賞。

MAKI「BitGal」

MISAKI的造型為泡泡袖，搭配銀色眼影，呈現如真實流行的妝感，衣服運用的材料質感也很有趣。

momiji × LIEN「Fusa」「Gray」

LIEN充滿藝術調性的洋裝，加上完全的改妝和假髮，打造成華麗的女孩，讓人聯想到　的愛貓。

MUGUET × Akaikamera「communication」

MUGUET用纖細的線條讓MISAKI有了截然不同的形象。有繫帶的機能服讓造型散發著賽博風。

nico「Cute revolution」

彩度明顯的完全改妝娃娃！充滿光澤的酒紅色公主切髮型使MISAKI充滿個性。

QP「Flapper Berry」

MISAKI身穿金子功風格的紅色格紋日式連身裙，搭配一頭狂野蓬鬆的捲髮，造型完美吸睛。

Barbarayousou「Candy Pop Qipao Misaki & Amelie」

服裝套組呈現80年代的設計，還有會發光的原創圖案，並且附有塑膠徽章，整體造型和髮色形成絕佳搭配。

air*skip「omotesando girl」

娃娃呈現甜酷風造型，布滿大量甜美碎花圖案的連身裙，搭配了有鉚釘裝飾的黑色漆皮。

Daisy-D + yuri「Days」

利用假領片變換洋裝風格的設計出自Daisy-D之手，yuri的微笑妝容引人注目。

PinkPopcorn「遠地旅行：大阪女孩」

穿著豹紋服裝的捲髮辣妹一手拿著章魚燒自拍，透視外套搭配泡泡襪，正是大阪風格。

Galum
「Fragile glow」

一身白色的穿搭展示了縫製技法的細膩與精緻，如繪畫般點綴髮型的髮箍，盡顯女王風範。

allnurds
「Cheap Chic Time」

主題為媽媽的復古穿搭，圓點套裝讓人彷彿回到80年代的日本本土個性品牌潮流，媽媽才是時尚達人。

KH doll style
「KH doll style Amelie」

裸色唇妝、雀斑和擁有健康肌膚的可愛Amelie，完美詮釋了牛仔風穿搭。

謎 × H4410
「人生如夢，逐夢痴狂『金魚椿』MISAKI ＆『玫瑰花窗』Amelie」

透過謎的巧手編出美麗的日本髮髻，MISAKI為「菊重」，Amelie為「鴛鴦」。

Tasopon
「Girl addicted to bears」

從鞋子、墜飾、吊帶褲等都可找到泰迪熊圖案的套組，設計有趣又好玩。

#000000
「@MiDnIGhT」

外套和連身裙的造型充滿氣勢，黑色袖子分量十足，搭配地雷系風格的妝容，暗黑女孩就此誕生。

⇒ Outfit ⇐

會場也有單獨販售由人氣創作者設計的服裝。

PinkPopcorn「中國風大學T套組」（左）
Akaikamera「L2K」（中）
MilkyWay＊「盛夏海洋色穿搭服裝套組」（右）

Barbarayousou「罩衫和裙子套組」（左）
Sleep「粉紅馬卡龍家居服套組」（中）
#000000「黑色領結襯衫套組」（右）

Tasopon「Maxi length dress」（左）KH doll style「大衣袖牛仔外套&平口上衣套組」（中）「露肩罩衫&窄管牛仔褲套組」（右）

Daisy-D「某日連身裙」（左）
QP「SUMI」（中）「BENI」（右）

AYUKI
「Series:N/A "my lovely bunny"」
「Series:denim collection "lemon drop"」

AYUKI ONE-OFF娃娃的服裝套組包括包包、鞋子、洋裝，還有可換穿的浴衣。

Iris Collect petit III ~Eternal Girl~展

2022年7月2日（六）～8月21日（日）
at. Azone Labelshop秋葉原／名古屋

展示娃娃為「Iris Collection petit」系列的45cm體型AZONE 1/3小尺寸娃娃，
娃娃改造創作者和娃服創作者在活動中，都發表了盡顯才華的ONE-OFF娃娃作品！
本屆已經是第3次舉辦，創作水準之高無邊無際，讓人更加期待日後創作者的表現。

sharkdolls
「電波少女rodon」

02娃頭改造的娃娃，眼線和髮色都為白色，風格清新涼爽。短版的外套比例拿捏得恰到好處。

Poe-Poe × kanihoru
「永久不滅！
貓咪女僕裝娃娃」

女僕裝娃娃身穿kanihoru設計的和服女僕裝，還有可愛的鈴鐺和緞帶裝飾。AZ45-01的娃頭改造則出自Poe-Poe的設計。

冬萌舍 × μ-set
「Dhampir」

冬萌舍改造的03娃頭，有著紫白色頭髮、睫毛，令人不禁想多看幾眼，衣服則是由μ-set設計的吸血鬼服裝（附手銬！）。

upataro × CALULU
「貓又娃娃」

時髦圍裙的中央有黑色緞帶的設計。Upataro設計的眼睛和妝容宛如手繪眼睛閃爍光澤。

Mellow Drops × Tasopon
「賽博風偶像娃娃」

散發極光色調的偶像娃娃全身充滿水藍色和粉紅色，妝容出自Tasopon的設計。服裝和耳機則由Mellow Drops所設計。

Sealand × la.frigg
「兔星偶像
☆兔子造型娃娃」

Sealand手繪的細膩眼珠和妝容，搭配兔耳洋裝和兔子布偶包，讓01娃娃散發精緻風格。

MUGUET × Akaikamera
「petit bijou」

MUGUET設計的寶石眼珠會隨著光線多寡而持續變化。還附有可替換的眼珠和光環，是相當華麗的套組。

primavi
「蝴蝶結娃娃∞」

眼線竟然是蝴蝶結！01改裝娃娃的設計散發玩心。利用縫紉師都望之卻步的材質，製作出精采絕倫的立體洋裝。

umu × kabo
「約定天使」

kabo設計的服裝散發平成動畫魔法少女的風格，精靈耳朵上的耳環和眼珠閃閃發光，充滿魅力。

gurugurudoll × mume
「墮天使貓」

暗黑系的guru娃娃，以閃爍眼珠搭配白色睫毛。有耳飾造型的黑白洋裝則是mume的設計。

funyahowa
「魔王熊女孩和使者惡魔娃娃」

將02娃頭設計成傲嬌角色的娃娃，眼睛上揚的妝容顯得氣勢凌厲。熊耳貝雷帽和熊熊布偶和插畫一樣。

MM × SAYAENDOOO
「Den lille Havfrue」

MM將03娃頭改造成人魚公主，雙唇緊閉。身穿如白色海浪的洋裝，還配有耳環和藍色眼珠。

hiyocogumi × Jewel Magic
「Eternal Vampire」

吸血鬼娃娃的洋裝，以鮮明的緋色和黑色形成美麗對比。豐富的表情和眼珠白色的巧妙搭配令人讚嘆連連。

m.t* × CALULU
「穿越時空的少女」

m.t*設計的03改造娃娃，白色洋裝搭配靈動的蝴蝶使魔和緞帶，散發主角光彩。

⮞ NEXT EVENT !? ⮜

2023年日本全國各地還會舉辦各類娃娃活動。國外的娃娃活動也變得熱絡，接下來我們就來期待遇見更棒的作品與交流。

✻ 2022年12月18日（日）
「Dolls Party 48」
at.東京Big Sight國際展示中心

✻ 2023年1月22日（日）
「Dolls Show 68冬季」
at.東京都立產業貿易中心濱松町館

✻ 2023年2月5日（日）
「第52屆 Doll's Myth.」
at.大阪Merchandise Mart（OMM）

✻ 2023年2月19日（日）
「Hiroshima I・Doll VOL.4」
at.廣島產業會館

✻ 2023年3月18日（六）、19日（日）
「I・Doll VOL.67」
at.東京流通中心（TRC）

✻ 2023年4月23日（日）
「I・Doll West VOL.37」
at.大阪國際展覽中心

✻ 2023年5月28日（日）
「Sendai I・Doll VOL.13」
at. AZTEC MUSEUM

✻ 2023年6月11日（日）
「Dolls Show 69夏季」
at.東京都立產業貿易中心濱松町館

✻ 2023年6月18日（日）
「AK-GARDEN 23」
at. 東京都立產業貿易中心濱松町館

✻ 2023年6月23日（五）24日（六）日25（日）
「Doll Market 2023 in Summer」
at.札幌社區廣場

✻ 2023年6月25日（日）
「Nagoya I・Doll VOL.35」
at.吹上HALL

in KOREA !

✻ 2023年1月7日（六）8日（日）
「第23屆SEOUL PROJECT DOLL」
at.首爾aTCenter

第23屆 SEOUL PROJECT DOLL將在韓國首爾aTCenter舉辦！SEOUL PROJECT DOLL是韓國規模最大的人偶展示會，各種類型的娃娃將齊聚一堂，是各國知名創作者都會參加的國際娃娃展示會。即便無法實際到場參與的人，也一定要上Instagram或YouTube感受這場熱鬧的盛宴！

23th SEOUL PROJECT DOLL
7th~8th Jan. Year 2023 (Sat, Sun)
12:00 ~ 17:00
SEOUL. aT CENTER The 1st Exhitbition Hall 1F

SEOUL PROJECT DOLL
projectdoll.net
Twitter ID：@Project_doll
Instargram ID：@project_doll
YouTube：@ProjectDoll

Dolly Pattern Workshop 21

「挑戰刺繡縫紉機」！

•

荒木佐和子

我很喜歡「電腦刺繡」，既可以製作成娃娃服裝的亮點，也可以用於布娃的臉部設計，
但是導入時在價格和裝設空間方面的門檻都很高，想必大家都有相同困擾，
大家知道現在有可以租借刺繡專用縫紉機的場所嗎？
這次我們請位在日暮里的「baby lock studio」協助，
向大家介紹brother刺繡縫紉機「PR1055X」的功能和操作方法。

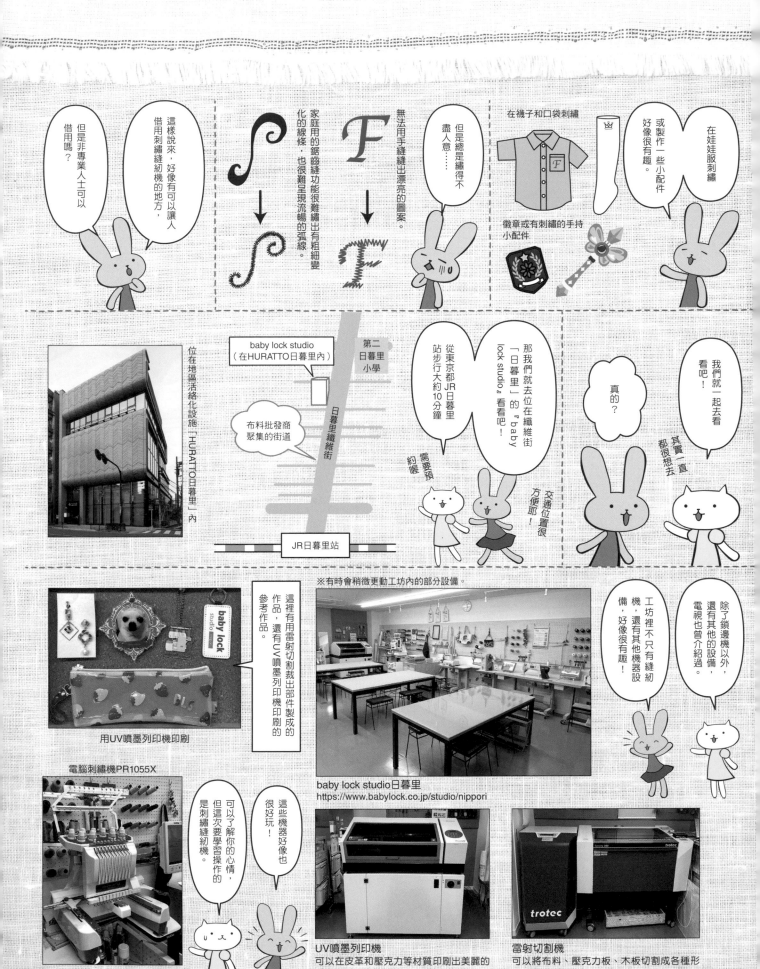

但是非專業人士可以借用嗎？

這樣說來，好像有可以讓人借用刺繡縫紉機的地方，

家庭用的鋸齒縫功能很難繡出有粗細變化的線條，也很難呈現流暢的弧線。

無法用手縫縫出漂亮的圖案。

但是總是繡得不盡人意……

在襪子和口袋刺繡

或製作一些小配件好像很有趣。

在娃娃服刺繡

徽章或有刺繡的手持小配件

位在地區活絡化設施「HURATTO日暮里」內

baby lock studio（在HURATTO日暮里內）

第二日暮里小學

布料批發商聚集的街道

日暮里纖維街

那我們就去位在纖維街「日暮里」的『baby lock studio』看看吧！

從東京都JR日暮里站步行大約10分鐘

約喔！需要預

交通位置很方便耶！

真的？

我們就一起去看看吧！

其實一直都很想去

JR日暮里站

※有時會稍微更動工坊內的部分設備。

這裡有用雷射切割裁出部件製成的作品，還有UV噴墨列印機印刷的參考作品。

用UV噴墨列印機印刷

電腦刺繡機PR1055X

baby lock studio日暮里
https://www.babylock.co.jp/studio/nippori

工坊裡不只有縫紉機，還有其他機器設備，好像很有趣！

除了鎖邊機以外，還有其他的設備，電視也曾介紹過。

可以了解你的心情，但這次要學習操作的是刺繡縫紉機。

這些機器好像也很好玩！

UV噴墨列印機
可以在皮革和壓克力等材質印刷出美麗的圖案。

雷射切割機
可以將布料、壓克力板、木板切割成各種形狀。

baby lock studio工坊 的租借流程

租借者登錄（免費）
需填寫電子郵件信箱。

電腦刺繡機 學習講座（須預約）
3300日圓（約1個小時半）
先學習機器的基本操作。

詳情與預約請連結此處

設施租借預約（請填寫預約表單）
1650日圓／1小時
請從旁邊的行事曆確認可以預約的空檔。

＋

電腦刺繡機預約（請填寫預約表單）
1650日圓／1小時
若有空檔，當天還可延長時間。

使用前必須先接受操作的學習訓練。

縫紉機操作手冊、材料安裝方法等，還會學習下線捲線方法和換線的方法等。

baby lock studio
CEM01
デジタル刺しゅう機

請先將問題筆記在講義上。

還會發講義，所以不用擔心。

也可以先用手機拍下操作步驟。

以防萬一先取得拍攝許可。

可刺繡的材料

☆一般衣服材料
可用於西服、和服、包包、小配件等。

☆不要太厚的衣服用皮革
請避免用於包包等太厚的帆布或皮革等。

聽說歐根紗等薄布料也可以用於刺繡。

材料最厚可接受至2mm，但是部分柔軟材料為例外。

請使用不會太硬、不會折彎縫針的材料。

只要將布料嵌在繡花框中，連短絨毛、長絨毛等布娃娃的材料都可以刺繡。

布娃娃等使用的布料

※如果縫針彎折，從第2根針起開始收費（330日圓）。

可刺繡的大小

將布嵌在這樣的專用繡花框中刺繡。

將布夾在外框和內框之間。

布料若沒有比繡花框大就不容易安裝，但是因為還有小繡花框，所以請依照使用的布料大小選用。

一次可刺繡的面積就是框內的大小，工坊中最大的繡花框為長200mm×寬360mm。

其他地方也有販售這台刺繡機的專用繡花框，只要事前洽詢就可以自行帶來使用。

還有可以在運動鞋和帽子刺繡的繡花框。

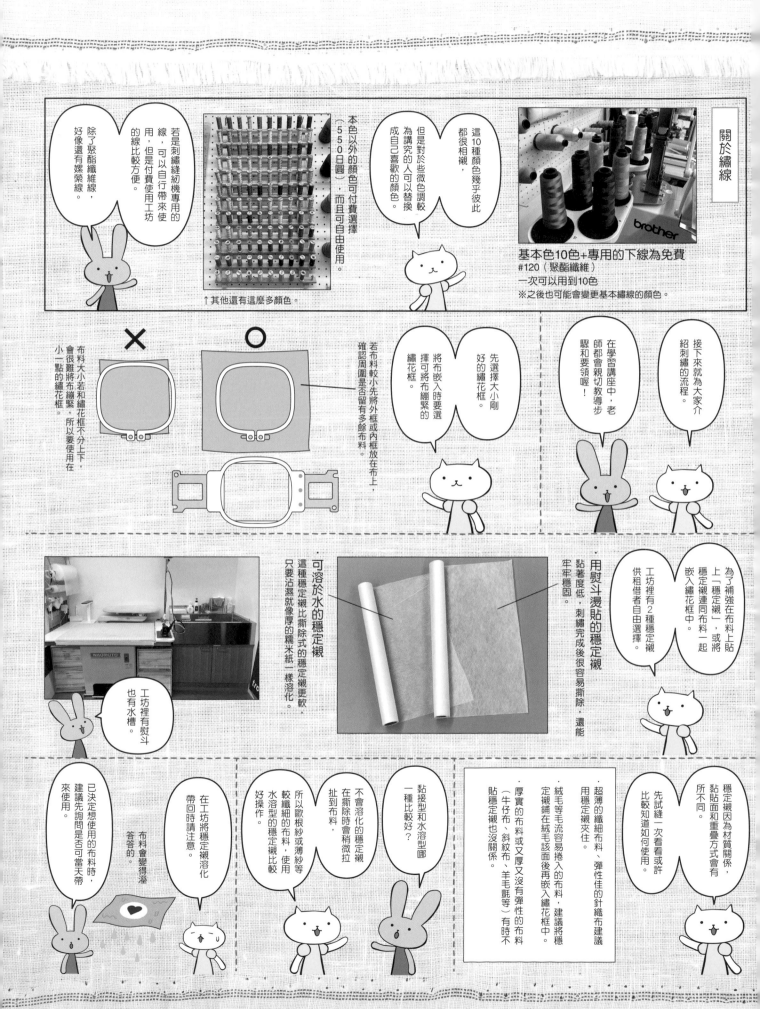

將繡花框安裝在刺繡機

要學習這些基本操作。

・將繡花框安裝在縫紉機的步驟
・上線的換法
・下線的換法和梭心的繞法
・線斷掉時的因應方法
・指定顏色的方法

繡花框安裝好後，在刺繡機的螢幕指定圖案和顏色後縫製。

布料沒有比繡花框大3cm左右就無法穩固安裝。

※照片中為羊毛氈無貼布襯

將布料繃緊，鎖緊螺絲固定。

布料貼了穩定襯後，如圖示一般嵌入繡花框中再安裝在刺繡機上。

依照插畫的刺繡

好厲害！刺繡圖案和插畫一模一樣。

插畫

Puff

Puff

但是只要使用專用軟體就可以創作原創的刺繡圖檔。

這是用工坊刺繡機儲存的既有圖檔縫製而成，

完成漂亮的刺繡！

A

自己設計的圖案變成刺繡

若想刺出原創圖案，需準備圖檔資料。

只要習慣圖檔資料的製作，正式刺繡時就會很放心。

操作環境只限於Windows。因為價格過高而無法購買，但是brother官網竟然可以免費下載試用版。

使用刺繡縫份機專用軟體「刺繡PRO11」。

brother
刺しゅうPRO 11
ABC

刺しゅうPRO 11
レイアウトセンター
Version: 11.30
(c) 1998-2022 Brother Industries, Ltd All Rights Reserved.
brother

作環境：Microsoft Windows 8.1/10
PU速度：1GHz以上　記憶體：1GB以上
碟空間容量：600MB以上

※在工坊可於安裝正式版「刺繡PRO11」的電腦作業。使用時請插入專用USB。

準備的圖像背景請設定為白色或透明。

Auto punch 初級篇

初學者先在「Auto punch」將圖像變更為刺繡圖檔資料。

準備JPG或PNG等的圖檔資料，從「圖像」∨「Auto punch」開啟。

オートパンチウィザードの起動
イラストの形状、色から刺しゅうデータを作ります。

可以用「Auto punch」開啟的副檔名包括
.jpg .png .tif .eps .gif .bmp .wmf。

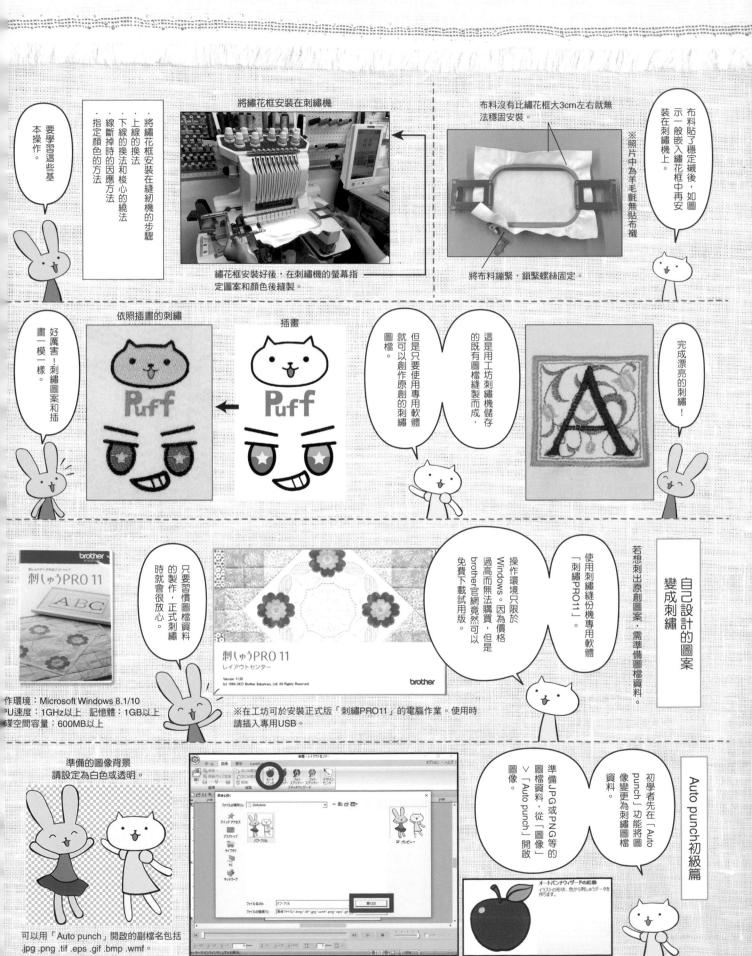

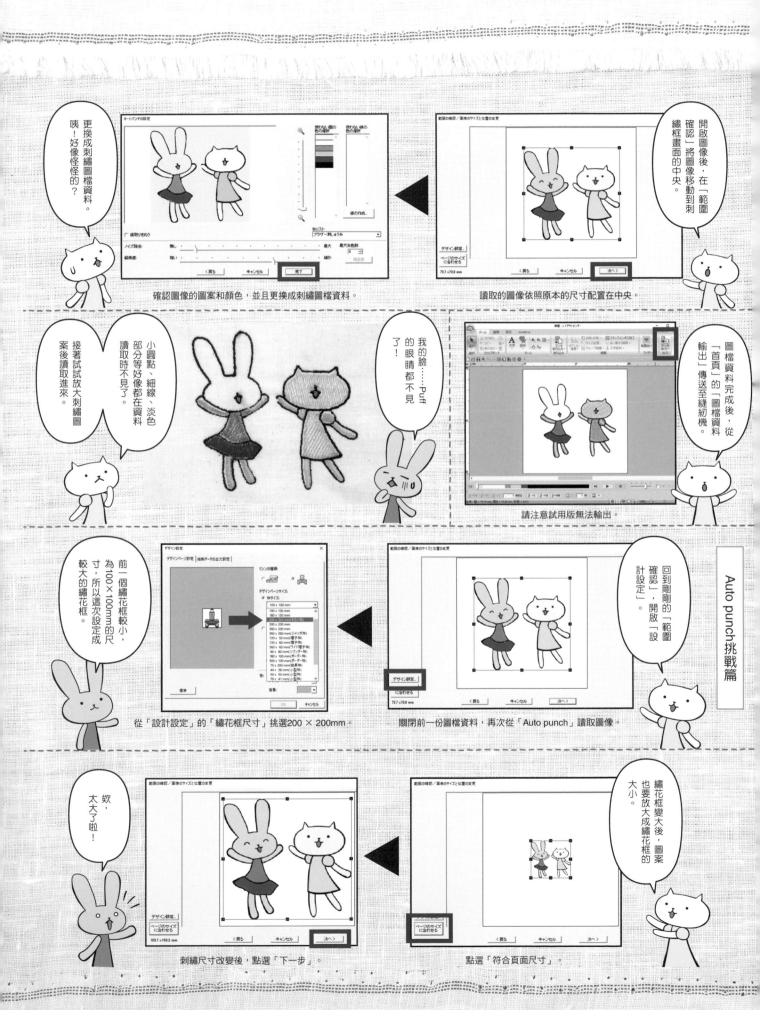

確認圖像的圖案和顏色，並且更換成刺繡圖檔資料。

讀取的圖像依照原本的尺寸配置在中央。

接著試試放大刺繡圖案後讀取進來。

小圓點、細線、淡色部分等好像都在資料讀取時不見了。

請注意試用版無法輸出。

從「設計設定」的「繡花框尺寸」挑選200 × 200mm。

關閉前一份圖檔資料，再次從「Auto punch」讀取圖像。

Auto punch挑戰篇

刺繡尺寸改變後，點選「下一步」。

點選「符合頁面尺寸」。

99

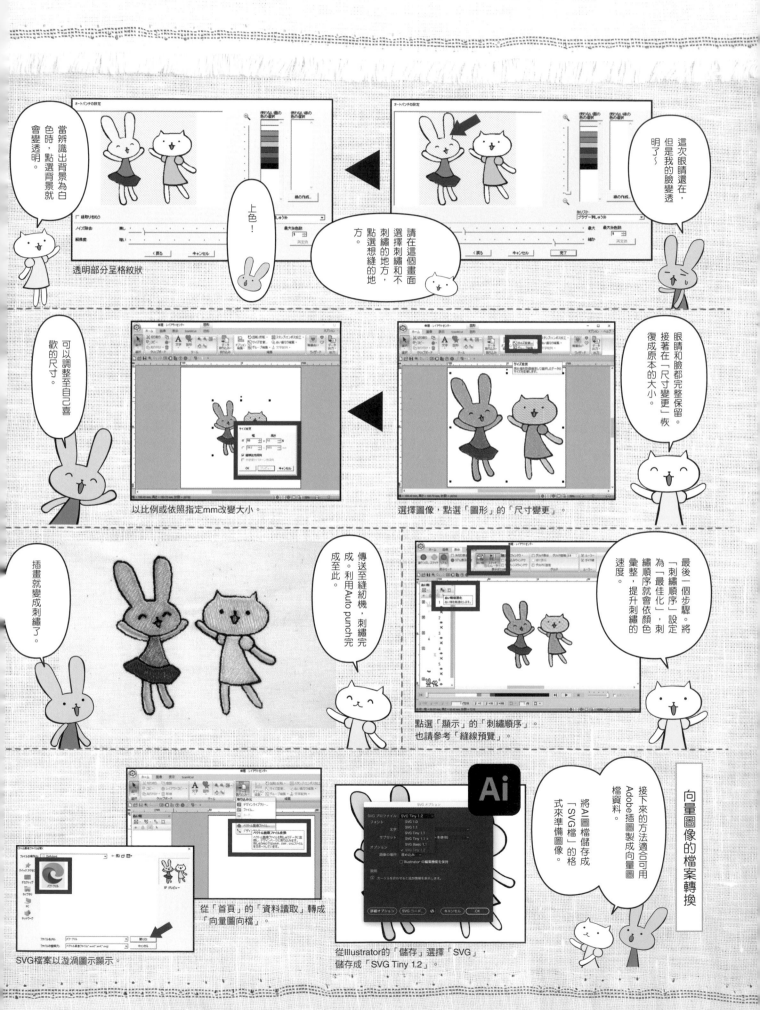

當辨識出背景為白色時，點選背景就會變透明。

透明部分呈格紋狀

上色！

請在這個畫面選擇刺繡和不刺繡的地方，點選想縫的地方。

這次眼睛還在，但是我的臉變透明了～

可以調整至自己喜歡的尺寸。

以比例或依照指定mm改變大小。

選擇圖像，點選「圖形」的「尺寸變更」

眼睛和臉都完整保留。接著在「尺寸變更」恢復成原本的大小。

插畫就變成刺繡了。

傳送至縫紉機，刺繡完成。利用Auto punch刺繡完成至此。

最後一個步驟。將「刺繡順序」設定為「最佳化」，刺繡順序就會依顏色彙整，提升刺繡的速度。

點選「顯示」的「刺繡順序」也請參考「縫線預覽」。

SVG檔案以漩渦圖示顯示。

從「首頁」的「資料讀取」轉成「向量圖向檔」。

從Illustrator的「儲存」選擇「SVG」儲存成「SVG Tiny 1.2」。

接下來的方法適合可用Adobe插圖製成向量圖檔資料。將AI圖檔儲存成「SVG檔」的格式來準備圖像。

向量圖像的檔案轉換

有好多種！

因為機會難得，所以設計成各種刺繡方法。

刺繡PRO中可以登錄各種繡法。這次嘗試選擇平面繡到程式榻榻米繡。

選擇連身裙的黃色平面。

好厲害，第一次就做好完整的圖案檔資料。

圖像彙整成一個檔案後，先依照部位區分。

從「程式榻榻米繡」挑選圖案並且變更大小。

選擇「程式榻榻米繡」就會出現圖案。大小和角度都可以自行更改。

在圖像上點選右邊滑鼠，或是從「刺繡順序」選擇部位或變更平面的縫法。

在「圖形」▶「群組編輯」解除群組化。

還將黑線刺繡加粗，變得更清楚。

雖然很小，但成了一個圖案。

最後調整顏色和刺繡順序後即完成。請傳送至縫紉機。

Frill的裙子也可以設定成程式榻榻米繡。

試用版的圖案較少，但是正式版有很多可以選擇。

以「刺繡畫」為例，主線使用緞面繡，就可呈現完美平衡，需上色部分使用榻榻米繡。

需大面積上色的部分用「榻榻米繡」

還有想顯得立體的部分；就用「緞面繡」。

細線「平針繡」

縫線的種類有很多，所以先學會使用這3種繡法就不會不知所措。

平針繡（線）＋榻榻米繡（面）

緞面繡

「程式榻榻米繡pat07」

榻榻米繡

緞面繡

上一次的黑線為「緞面繡」，這次的黑線為「平針繡＋榻榻米繡」。面和線在縫法上有各種選擇，大家可以從中挑選，依照心中所想自行變更。

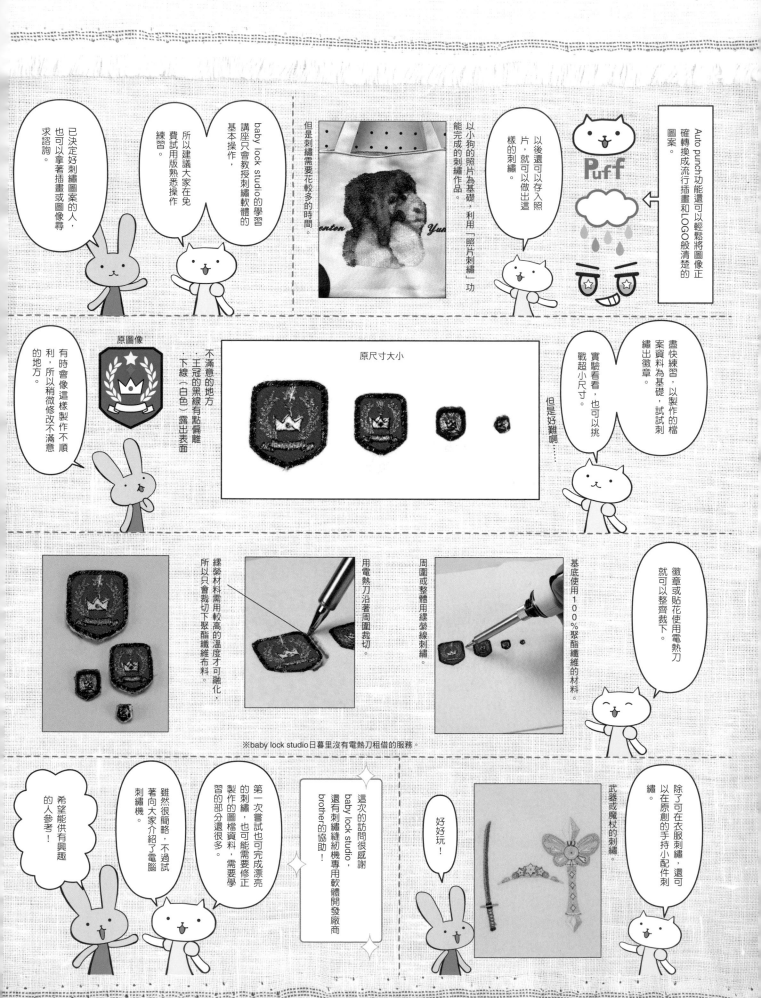

Auto punch功能還可以輕鬆將圖像正確轉換成流行插畫和LOGO般清楚的圖案。

以後還可以存入照片，就可以做出這樣的刺繡。

Puff

以小狗的照片為基礎，利用「照片刺繡」功能完成的刺繡作品。

但是刺繡需要花較多的時間。

baby lock studio的學習講座只會教授刺繡軟體的基本操作，所以建議大家在免費試用版熟悉操作練習。

已決定好刺繡圖案的人，也可以拿著插畫或圖像尋求諮詢。

原圖像

有時會像這樣製作不順利，所以稍微修改不滿意的地方。

不滿意的地方：王冠的黑線有點偏離，下線（白色）露出表面

原尺寸大小

盡快練習，以製作的檔案資料為基礎，試試刺繡出徽章。

實驗看看，也可以挑戰超小尺寸。

但是好難啊……

緞縈材料需用較高的溫度才可融化，所以只會裁切下聚酯纖維布料。

用電熱刀沿著周圍裁切。

周圍或整體用緞縈線刺繡。

基底使用100％聚酯纖維的材料。

徽章或貼花使用電熱刀就可以整齊裁下。

※baby lock studio日暮里沒有電熱刀租借的服務。

希望能供有興趣的人參考！

雖然很簡略，不過試著向大家介紹了電腦刺繡刺繡機。

第一次嘗試也可完成漂亮的刺繡，也可能需要修正製作的圖檔資料，需要學習的部分還很多。

這次的訪問很感謝baby lock studio，還有刺繡縫紉機專用軟體開發廠商brother的協助！

好好玩！

除了可在衣服刺繡，還可以在原創的手持小配件刺繡。

武器或魔杖的刺繡。

※書中介紹的機器、服務和費用等內容會未經通知逕行變更，敬請事先知悉。

※製品對商品改造的作業請自行負責，改造的商品並非廠商保固的範圍，敬請留意知悉。

salon de momiji

這次示範的娃娃是菲比小精靈2（Strawberry Swirl）
不但滿身髒汙，連腳都斷了，
我們還修復了受損的嘴巴，重現娃娃的美麗。

photo & text : momiji igarashi   dress : salon de monbon

Before

作業開始前先確認須修復的部分。絨毛蓬亂，狀態不佳，全身都蒙上淡淡的髒汙，腳還斷掉脫落，嘴巴尖端也已裂開，耳朵凹折。電池蓋也不知去向，無法裝入電池。

拆下腳部零件。菲比小精靈2的腳部螺絲孔很容易裂開，所以要握住穩固腳底零件，再用螺絲起子慢慢轉開。

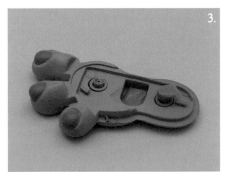

螺絲孔依舊裂開。原本裂開的右腳也是腳背零件的螺絲孔裂開，因為要安裝腳底零件的螺絲，所以之後再修補。

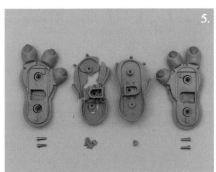

檢查脫落的右腳，發現連接的根部已折斷，左腳底也裂開。由於腳底零件的螺絲為特殊形狀，所以無法用一般的螺絲起子轉開。準備了2.0mm的三角形螺絲起子。

1.

3.

5.

2.

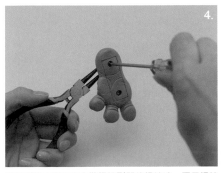

4.

6.

將腳部零件全部拆解，但是螺絲孔全都裂開。

用尖嘴鉗夾住固定安裝螺絲裂開的螺絲孔，再用螺絲起子鬆開螺絲。

拆下腳底零件，被絨毛覆蓋的腳背零件就會露出。用十字螺絲起子鬆開連接腳背零件和本體的長螺絲。

接著繼續掀至嘴巴上方，又會看到有螺絲將毛皮內側固定，所以將其鬆開拆除。

連同魔鬼氈抓住掀開，會發現電池盒的邊緣有固定用的塑膠扣，所以將其拔出拆除。如果無法拆除，則將連接的縫線剪開後拆下。

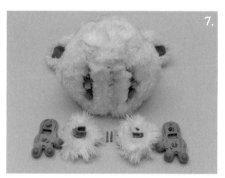

破裂的右腳腳背零件也拆除下來。至此所有的腳部零件都已拆開。

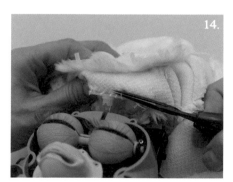

拔出刺在左右眼皮的塑膠零件，額頭中央的塑膠零件有縫線固定，所以剪去縫線後拆除。

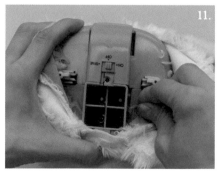

左右固定扣沿著電池盒和電源部分固定在2處。從背後用力拉開拔出。將前面的固定扣往背後滑動，從本體的切口縫隙拔出。

掀起蓋住腋下的魔鬼氈，就會看到電池盒。這隻菲比小精靈的電池蓋已不知去向，因此無法確認電路是否正常。

將毛皮脫至耳朵根部後，拔出頭冠的芯，並且剪斷固定前端的縫線。

移除固定扣後，就可以將下半身的毛皮脫除。若有黏合，則輕輕扯開剝離。將毛皮往上掀至擴音器，會看到有2根螺絲固定在本體，所以用螺絲起子鬆開。

為了脫下身上的毛皮，而將背後縫合的手縫線剪開，將魔鬼氈上的絨毛往左右掀開，就很容易看清應剪開的縫線位置。

Material 01

水桶
毛巾
衣物用漂白劑
衣物用柔軟精
針梳

22.

毛皮髒汙都已洗淨，恢復毛皮的蓬鬆感。若還殘留水分會造成故障，所以一定要完全乾燥後再組裝。

19.

在40度的1公升熱水裡倒入5公克衣物用漂白劑（CLEAR HERO酵素漂白粉），充分溶解後將毛皮浸泡約30分鐘。浸泡時間視髒汙程度調整（布料可能會受損，所以最久浸泡約2小時）。

16.

拉出兩隻耳朵的芯，剪斷固定的縫線。到這裡毛皮就可完全脫除。

23.

菲比小精靈的嘴巴是由橡膠材質製成，而利用附的湯匙餵食菲比小精靈是玩娃娃的一種方法，所以若購買的是二手娃娃，通常娃娃嘴巴前端都會破裂，若置之不理就會裂得更大，所以要修補加強此處。

20.

用熱水完全沖洗乾淨後，放入混合柔軟精的熱水，浸泡約1小時，最後再沖洗乾淨。

17.

也脫去腳部零件的毛皮。靠近本體該側的布料有彈性，所以只要稍微拉開就可以脫除。

24.

這次使用PADICO的「仿真奶油土」，取適量放在紙調色盤上。由於從包裝取出後大約3分鐘就會開始硬化，所以作業要迅速。

21.

輕輕擰乾，並且用毛巾吸除水分。用針梳順著毛流梳裡，頭冠、耳朵、腳的絨毛都梳理好後，放至自然乾燥。

18.

本體和腳的毛皮都已脫除。整張毛皮都沾滿髒汙黏成一塊一塊，所以先將毛皮洗淨。

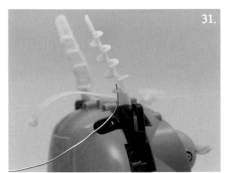

31.

將鋁線從根部開孔穿過。

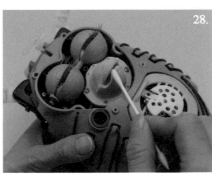

28.

下方嘴巴同樣要補強。用棉花棒在圓弧表面來回滾動調整。

25.

調色時可以使用水彩、壓克力顏料或油畫顏料。這次使用麗可得的純紅和氮中黃。確認調色結果一邊少量加入奶油土中，直到接近嘴巴的色調。

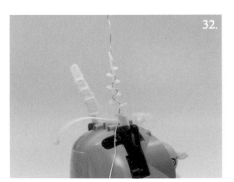

32.

將鋁線穿過所有的開孔直到耳尖，接著返回再次穿過所有開孔至耳根。

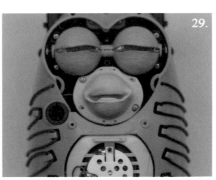

29.

嘴巴的補強完成。在完全乾燥之前若有碰到就會龜裂，所以要靜置1～2天，使其自然乾燥。

26.

顏色調好後，一點一點塗抹在裂縫中，如果塗抹得太少，仍然會裂開，所以最後要確認是否有塗抹填滿。

33.

在耳根剪斷鋁線，並且用扭轉固定。即便日後耳朵的芯都斷了，也可將鋁線當成替代的芯。

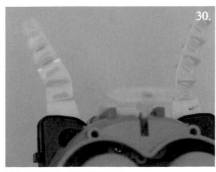

30.

因為右耳彎折，所以需要補強。

27.

若只有前端部分裂開，塗抹至嘴巴段差部分就不會顯得不自然。用抹棒（這次用調色棒）撫平表面，調整至表面平滑。

Material 02

麗可得（純紅和氮中黃）　　　　　KURE 5-56筆型潤滑油
塑膠修補劑　　　　　　　　　　砂紙
縫線　　　　　　　　　　　　　鋁線
縫針　　　　　　　　　　　　　斜口鉗
5mm壓克力板（45mm × 30mm）　　尖嘴鉗
3mm平頭小螺絲　　　　　　　　　鑷子
3號電池彈片　　　　　　　　　　剪刀
強力雙面膠　　　　　　　　　　手鑽
紙膠帶　　　　　　　　　　　　筆刀
紙調色盤　　　　　　　　　　　2.0mm三角形螺絲起子
PADICO仿真奶油土　　　　　　　十字螺絲起子
牙籤　　　　　　　　　　　　　電熱刀
棉花棒
湯匙
調色棒

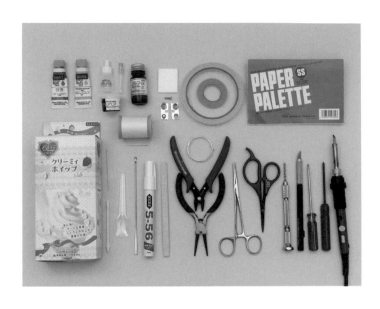

40.

準備2片3號電池彈片（可透過網路購得），將彈簧轉向螺絲該側位置，確認是否需要修整後，用強力雙面膠黏合。

37.

用砂紙磨平切割面。

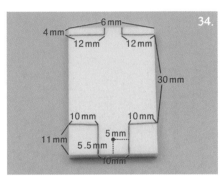

34.

自製電池蓋。準備45mm × 30mm的5mm厚壓克力板（可透過網路購得），參考照片描繪出電池蓋的尺寸。

41.

扣住凸出部分，將電池蓋嵌入蓋上。準備3mm的平頭小螺絲，並且用螺絲起子鎖緊安裝在螺絲孔中。

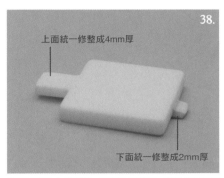

38.

上面統一修整成4mm厚

下面統一修整成2mm厚

將電池蓋的卡榫削薄，用電熱刀削切，將凸起部分削成2mm厚，將螺絲該側的凸出部分削成4mm厚，再用筆刀和砂紙修整。試蓋電池蓋，並且一邊修整。

35.

用電熱刀沿著線條外側溶解大概裁切。因為溫度很高，請小心燙傷。

42.

開啟電源，確認娃娃是否會動，娃娃眼睛張開並且開始發出聲音。

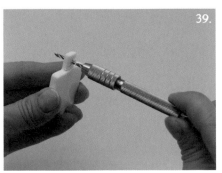

39.

試著蓋上蓋子，在螺絲該側的開孔位置標註記號。用3mm手鑽開出螺絲孔。

36.

用筆刀修整切割面。

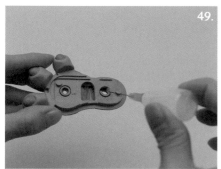

49.

破裂的開孔部分也用塑膠修補劑修補。將塑膠修補劑慢慢滴在修補部分，並且慢慢形成邊壁。

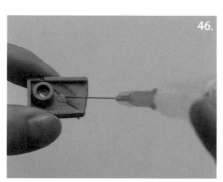

46.

按壓針筒讓修補劑流出，水滴塊狀由白色轉為透明稠狀後，滴在修補部位，用針尖抹開調整。

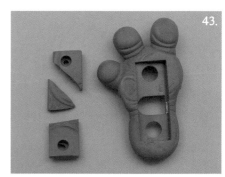

43.

修補在步驟5檢查過的破損腳部零件。拆下左腳底破裂的零件。

50.

塗抹成和原本開孔相同的厚度後，放至完全硬化。

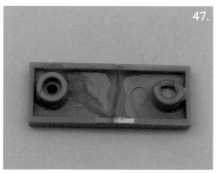

47.

另一邊也用相同方法黏接。

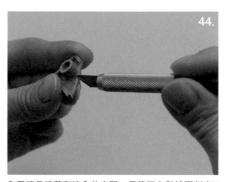

44.

為了確保接著劑流入的空間，用筆刀在黏接面削出V字型。

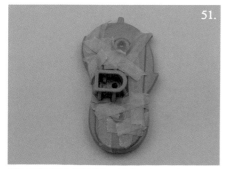

51.

將嚴重破裂的右腳腳背零件排成原本的形狀，表面用紙膠帶固定。為了讓塑膠修補劑流入破損部分，要完整貼合包覆避免修補劑流出。

48.

等完全硬化後，裝回腳底零件。

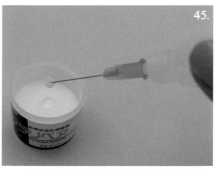

45.

這次使用塑膠修補劑修補。輕輕按壓針筒，滴一滴修補劑在粉末上。滴落在粉末上的液體呈水滴狀，用針尖刺入，並且移至修補部位。

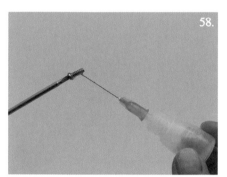

58.

在塗上潤滑劑的螺絲塗上塑膠修補劑。

55.

確認硬化後，翻回正面並撕除紙膠帶，並且在破損部分、螺絲周圍和腳踝周圍塗滿塑膠修補劑加以補強。

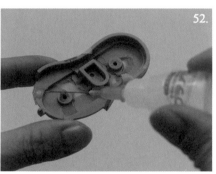

52.

為了避免黏接面出現段差要確認每一個地方，將塑膠修補劑滴入所有裂開的部分並且接合。

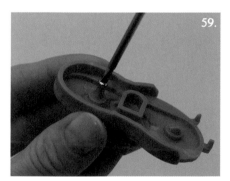

59.

將螺絲垂直穿進加大的螺絲孔固定。

56.

接下來要介紹使用塑膠修補劑的修復方法，藉此因應菲比小精靈2螺絲孔經常破裂的問題。首先用手鑽加大螺絲孔的根部。

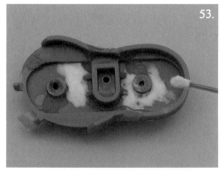

53.

破損部分全都布滿塑膠修補劑粉末，而且毫無縫隙。

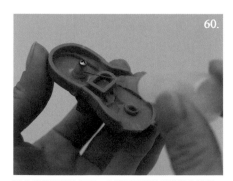

60.

硬化後移開螺絲起子，在螺絲周圍塗滿塑膠修補劑，製作出螺絲孔的厚度。

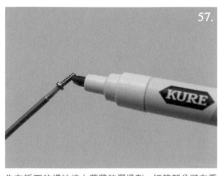

57.

先在拆下的螺絲塗上薄薄的潤滑劑，細節部分可在重要位置用KURE 5-56筆型潤滑油塗抹。

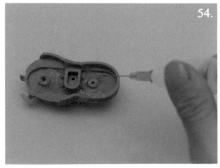

54.

從針筒將塑膠劑滴在附有粉末的表面。

67.

依照拆除時的步驟反向組裝回去。將乾燥後的毛皮翻至反面，確認頭冠和耳朵的芯都穿入開孔後，將鑷子插入正中央的開孔，將頭冠的頂端拉出。

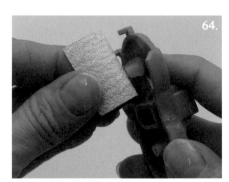

64.

用砂紙磨平。

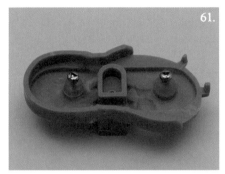

61.

兩個地方同樣都用塑膠修補劑製作螺絲孔，並且等其硬化。

68.

將頭冠的芯縫在原本縫合位置的附近，同時縫合兩隻耳朵。

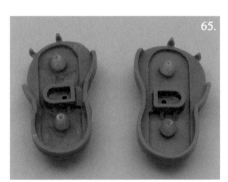

65.

另一隻腳的零件也做出螺絲孔。

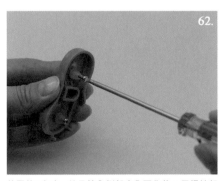

62.

放置約1小時，並且等內側都完全硬化後，用螺絲起子將螺絲拆下。

69.

將毛皮覆蓋在頭冠和耳朵，用縫線固定額頭的塑膠片零件，並且插入兩隻眼睛上方的塑膠片零件，再將眼睛下方的螺絲和嘴巴下方的螺絲鎖緊。

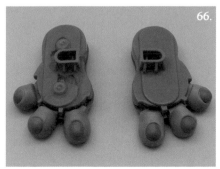

66.

腳部零件全部修補完成。

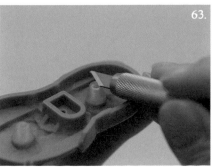

63.

用筆刀修整螺絲插入口。

After

洗淨毛皮髒汙，絨毛變得柔順蓬鬆，斷掉的腳也已經修復，變得可以兩腳站立。閉起的眼睛也可以張開，嘴巴經過修整而能開口說話。

74.

將毛皮覆蓋的左右腳背的零件嵌入本體，並且用螺絲固定。最後在腳底零件鎖進4根三角螺絲。

72.

固定扣都安裝好後，縫合至魔鬼氈的上面並且打結，本體的修補即完成。魔鬼氈已固定。

70.

全部的縫線和螺絲都固定好後，將毛皮穿至腳邊，並且重新縫合背後拆開的縫線。因為可以用毛皮遮蓋，所以縫線成鋸齒狀也沒關係。若以弓字型綴縫，更看不出縫線位置。

75

用針梳梳理凌亂的絨毛後即完成。

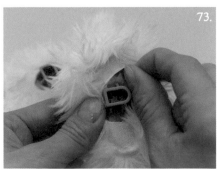

73.

將毛皮覆蓋在腳部零件，要注意不要弄錯螺絲該側和腳踝該側的朝向（彈性面料在凸出的腳踝側）。

71.

魔鬼氈稍微縫至上面後，以和拆除時相反的步驟，將固定扣卡住固定。

Dress by salon de monbon

老奶奶連身裙

material [長×寬]

<連身裙>
□連身裙表布用細平棉布：80cm × 20cm
□連身裙裡布用細棉布：50cm × 15cm
□圍裙用亞麻：30cm × 10cm
□衣領用12mm荷葉邊蕾絲：60cm左右
□衣領用8～10mm裝飾鈕扣：1顆
□胸前用3mm珍珠圓珠：2顆
□圍裙用6mm寬天鵝絨緞帶：16cm左右
□圍裙用5mm鈕扣：2顆
□7mm按扣：2組
□手工藝用接著劑
＊裁切的布料全部都先經過防綻處理。

<三角披肩>
□約中等厚度的布料
　（亞麻棉等）：35cm × 35cm

<鉤針編織頭巾>
□頭巾用中細毛線：半球左右
□頭巾收緣用中細毛線：適量
□11mm鈕扣：1顆
□鉤針3號

How to make＜連身裙＞
①將前上身表布和後上身表布側邊正面相對縫合，並且將縫份用熨斗燙開。
②裙襬的縫份沿著完成線摺起縫線。
③在裙襬腰圍縫份縫製碎褶縫線，並且和步驟1的衣襬正面相對縫合後，抽出碎褶縫線。將縫份往上身倒並且縫上壓縫線。
④先將上身裡布衣襬沿著完成線摺起。將上身表布和上身裡布正面相對，縫合後中心～領圍～後中心的完成線。
⑤剪去縫份的邊角，在領圍縫份剪出牙口後，翻回正面。
⑥將裙子後中心沿著完成線摺起。從正面沿著後中心～領圍～後中心邊緣縫上壓縫線。
⑦衣領用荷葉邊蕾絲的兩端先塗上防綻液後摺起5mm。將衣領用荷葉邊蕾絲沿著領圍，用手縫從後面縫至前中心縫合在衣領，而且蕾絲邊緣要超出領圍3～4mm。
⑧將縫合後的蕾絲在前中心邊緣，留下可摺出1cm寬的單邊蝴蝶結形狀後剪斷，接著將蕾絲摺起、調整出形狀後縫合固定。剩餘的半邊領圍也用相同的方法縫上蕾絲，並且在蝴蝶結的中心縫上裝飾鈕扣。
⑨圍裙衣襬和兩邊都沿著完成線摺起，在邊緣縫線。在腰圍處做出碎褶後整體寬度縮成14cm寬。泡水後用毛巾等按壓吸乾水分，調整碎褶形狀後，平放晾乾。
⑩圍裙晾乾後，參考紙型放在偏離腰線、大約在其上方2～3mm的位置後縫合固定。抽出圍裙的碎褶縫線。
⑪將天鵝絨緞帶剪成15.4cm，並且在兩端塗上防綻液。為了隱藏步驟⑩圍裙上的縫線和縫份，用接著劑黏合緞帶。兩邊再縫上5mm鈕扣。
⑫將2顆珍珠圓珠縫在前中心。
⑬上身裡布衣襬和腰線對齊以擦縫縫合。
⑭在後開口縫上2組按扣。

How to make＜三角披肩＞
①依照紙型裁切布料，布料邊緣不塗防綻液，而是依照紙型縫一圈縫線。
②鬆開後中心直角邊角到縫線約6～7mm的邊緣，加上邊緣裝飾。

How to make＜鉤針編織頭巾＞
①取一股毛線編織。以鎖針1針起針，依照織圖加針編織。
②編織好後，在一邊縫牢鈕扣。另一邊邊緣的針眼則成了扣眼。

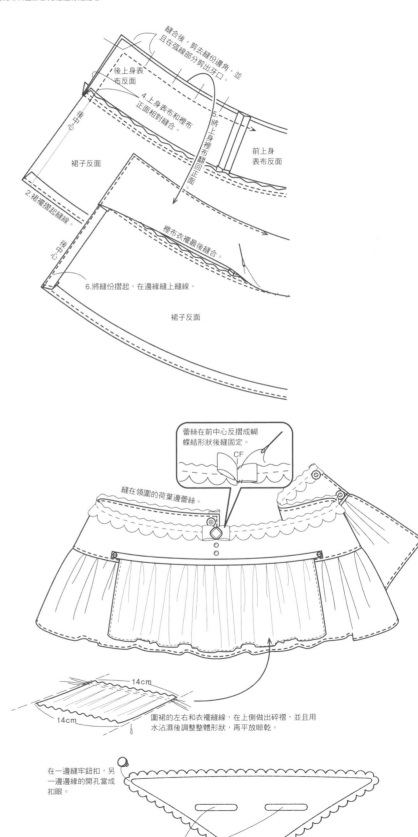

縫合後，剪去縫份邊角，並且在弧線部分剪出牙口。

後上身表布反面

後中心

4.上身表布和裡布正面相對縫合

5.將上身裡布翻回正面

前上身表布反面

裙子反面

2.裙襬摺起縫線。

後中心

裡布衣襬最後縫合。

6.將縫份摺起，在邊緣縫上縫線。

裙子反面

蕾絲在前中心反摺成蝴蝶結形狀後縫固定。
CF

縫在領圍的荷葉邊蕾絲。

14cm

14cm

圍裙的左右和衣襬縫線，在上側做出碎褶，並且用水沾濕後調整整體形狀，再平放晾乾。

在一邊縫牢鈕扣，另一邊邊緣的開孔當成扣眼。

耳朵的穿孔。

夢幻 紙娃娃

來自水野純子世界的換裝娃娃，充滿魅力。
剪下紙娃娃，沉浸於換裝的樂趣吧！
這次的娃娃是來自漫畫「PURE TRANCE」（1998）中，
一家暴食症治療設施「中心102」
的警衛黃味子。

黃味子畢業於池袋格鬥技學園，
一直以來對自己強大的力量充滿自信，
然而卻遇到了力量強到不可思議的中心
102院長螢子，而完全成了遭到使喚的角色。
只有最愛的偶像Seiko才是自己每天
的內心支柱。

這套服裝是在失去警衛一職之後，
在美女格鬥酒吧開始以格鬥選手「強悍天使」
之名出場的裝扮。因為名字的關係而只分配到黃色系的服
裝，其實她很想穿著其他顏色的衣服，
但是總是無法啟齒。

工作時喜歡戴的安全帽。
和安全靴一樣都是在常去
的工作服專賣店宮島
商店購得。

因為月薪很低，所以服裝全都是折扣品。
最愛的商店是「折扣市集MORE」，
是家超低價的商店，
只販售1000日圓
以下的衣服。

我就是黃味子！有沒有辦法想打電動就打電動，而且還能維持生計？

在世界寵物店MARUYAMA
購買暗地流通的肉，
攜帶時裝在貓咪的藥罐中。

15

114

她很喜歡可在透明箱中形成立體影像又刺激的電動遊樂器。

Seiko的第一張CD唱片。不論他人如何請求絕對不會出借。

偶像Seiko娃娃，有明顯的髒汙和修補痕跡，卻是現在已經停售的珍貴商品，從未想過要丟棄。

番長時代的竹刀，上面別有在Seiko第一場演唱會購買的鑰匙圈。

超火紅的布娃娃系列「MA小熊娃娃」的玩偶家居裝，超級暖和，但是穿著睡覺會滿身大汗，有時還會熱醒。

牛肉乾、爆米花口味的續命膠囊「PURE TRANCE」，一邊打電動一邊吃最讚！

池袋番長時代大家最愛穿的特攻服，她最愛上面精美的刺繡，捨不得丟棄，設計充滿了象徵池袋的圖案，包括貓頭鷹和太陽城60。

水野純子：漫畫家兼插畫家　官網：http://www.MIZUNO-JUNKO.com　Twitter：twitter.com/Junko_Mizuno　Instagram：@junko_mizuno_art

漫畫「PURE TRANCE」目前只有銷售美國出版社LAST GASP的英文版「PURE TRANCE」。讀者可向日本有販售國外書籍的書店訂購，詳情請洽書店。

Dreaming Tiny Room

#10 Candy Wagon

使用工具
美工刀、錐針、尺、木工用接著劑、牙籤、切割墊、
裝飾掛旗用的穿繩

做法
①像描圖般用錐針沿著摺線劃出紋路，就比較容易摺紙。
②剪下全部的部件，分別摺出摺痕。
③先試著組裝成型，了解組成的樣子後再點合組裝。

要領
・用牙籤沾取最少量的接著劑，
　薄薄塗抹開來，避免紙張因為接著劑的水分彎曲。
・組裝完成時，若有超出邊緣的紙張或有歪斜的部件，請裁切調整。

最後裝上牙籤

安裝在上面。
(也可以用接著劑固定)

將桌面放在地上，
確認呈水平後
再貼接支撐桿就會穩固。

邊緣點合後再全部貼合。

designed by MAKI

Candy Wagon

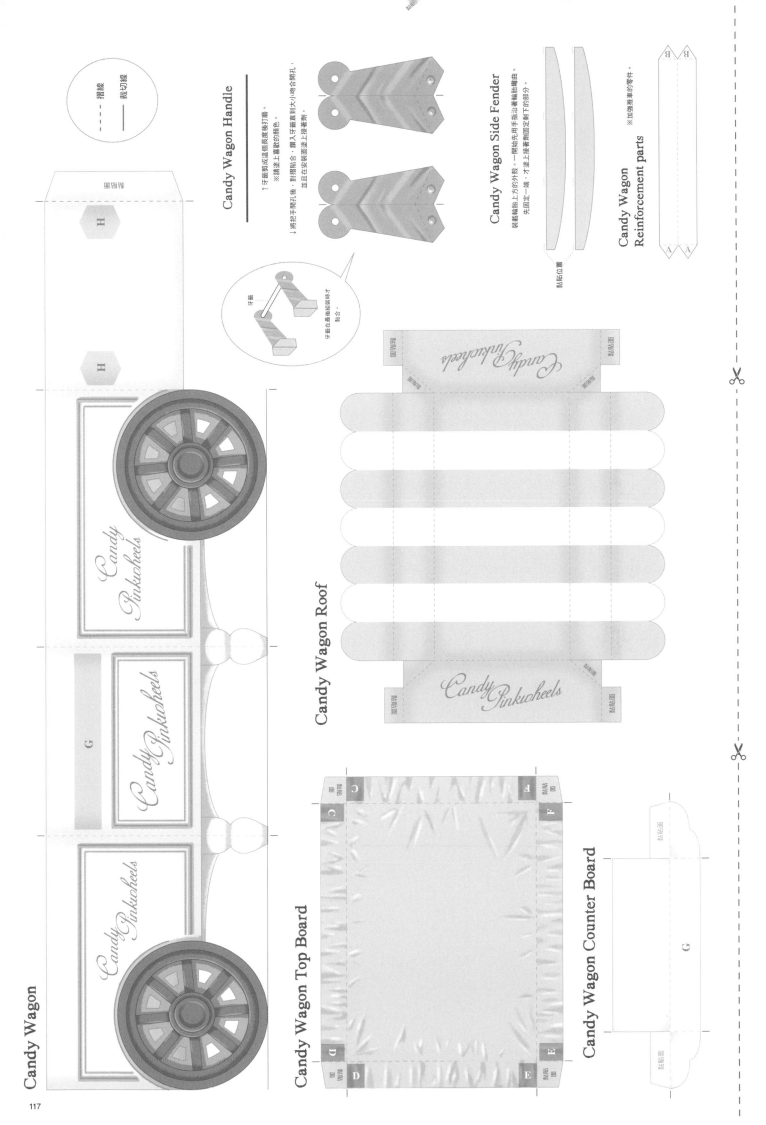

摺線 -------
裁切線 ——————

Candy Wagon Handle

↑ 牙籤剪成適當長度後打磨。
※ 請塗上喜歡的顏色。
↓ 將把手開孔後，對摺貼合，鑽入牙籤直到大小吻合開孔，
並且在安裝處塗上接著劑。

牙籤

牙籤在最後組裝時才
貼合。

Candy Wagon Side Fender

裝載輪上方的外殼。一開始先用手指沿著輪胎轉由
先固定一端，才塗上接著劑固定剩下的部分。

黏貼位置

Candy Wagon Reinforcement parts

※ 加強推車的零件。

Candy Wagon Roof

Candy Wagon Top Board

Candy Wagon Counter Board

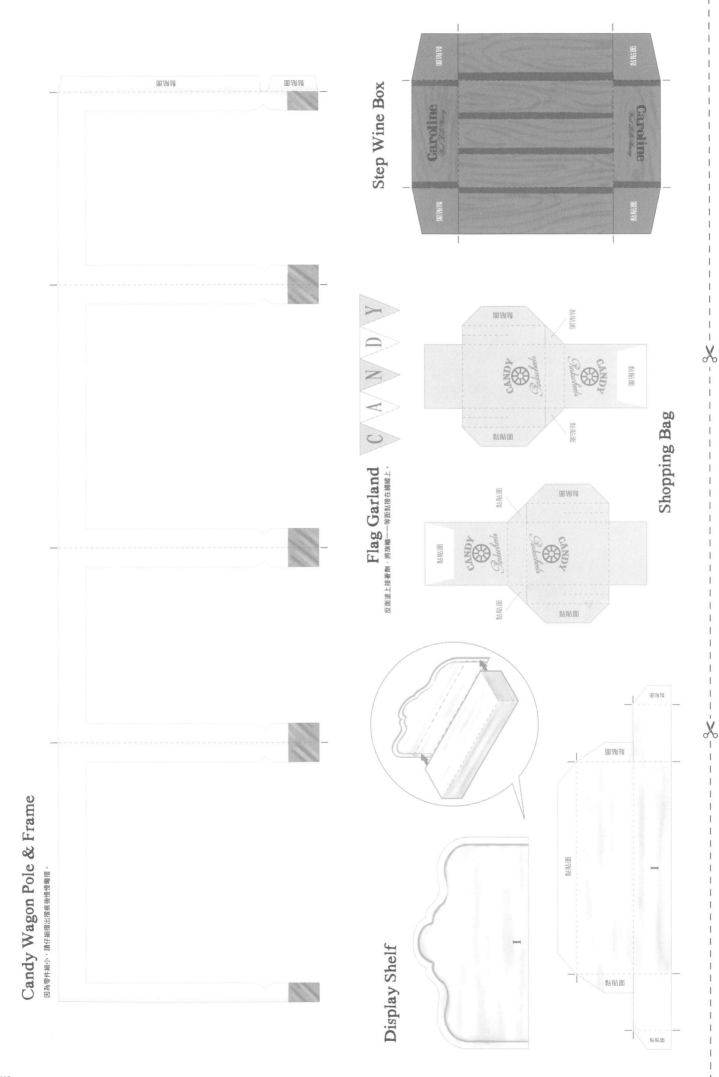

Candy Wagon Pole & Frame

因為零件細小，請仔細摺出摺痕後橫橫橫摺。

Step Wine Box

Caroline
Red Bulk Wiury

Caroline
Red Bulk Wiury

Flag Garland

反面塗上接著劑，將旗幟一一等距貼接在緞線上。

C A N D Y

CANDY
Pinkwheels

CANDY
Pinkwheels

Shopping Bag

Display Shelf

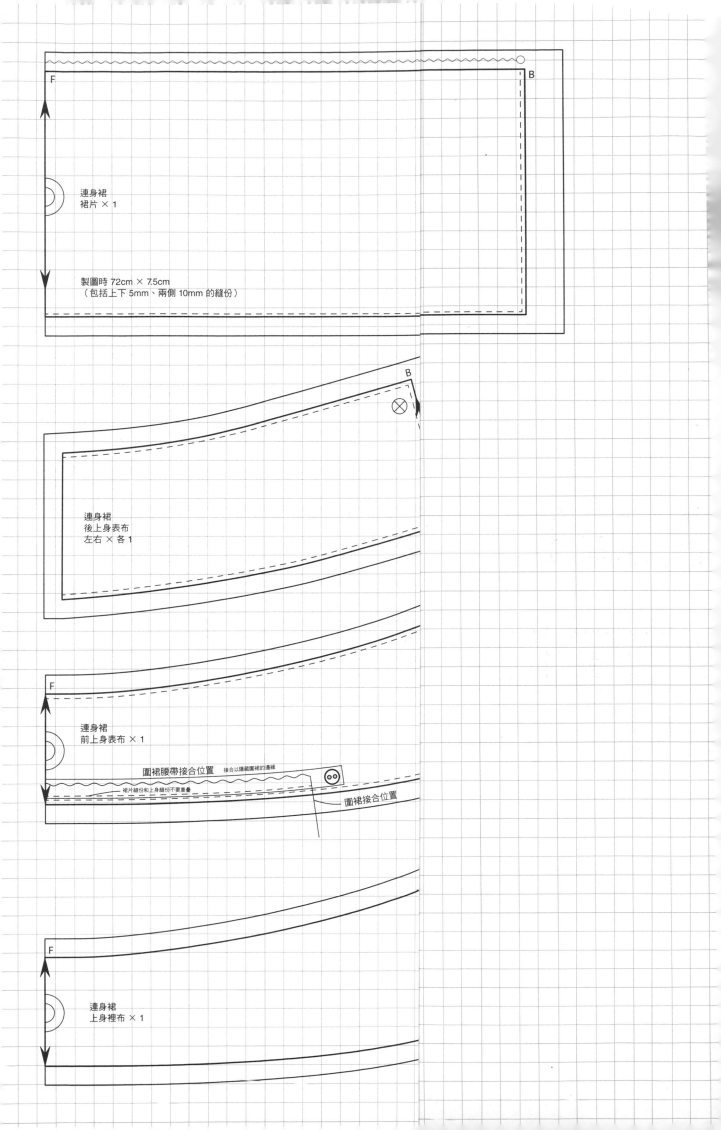

F

B

連身裙
裙片 × 1

製圖時 72cm × 7.5cm
（包括上下 5mm、兩側 10mm 的縫份）

B

連身裙
後上身表布
左右 × 各 1

F

連身裙
前上身表布 × 1

圍裙腰帶接合位置　接合以隱藏圍裙的邊緣

裙片縫份和上身縫份不要重疊

圍裙接合位置

F

F

連身裙
上身裡布 × 1

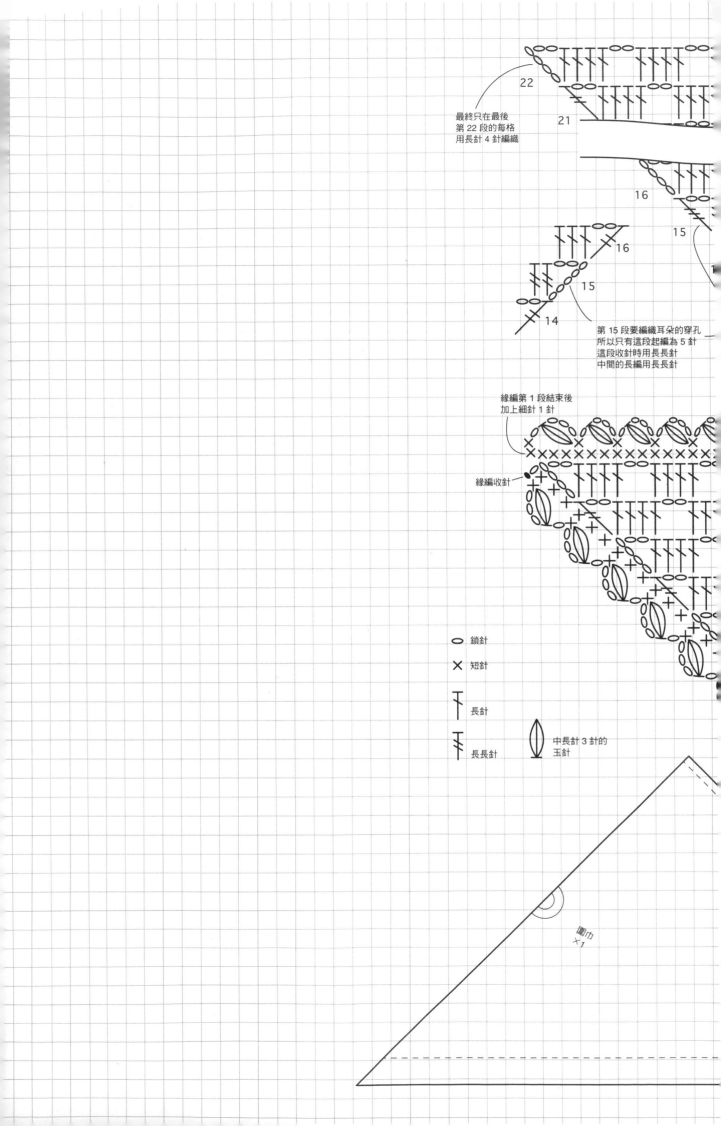

最終只在最後
第 22 段的每格
用長針 4 針編織

22

21

16

15

16

15

14

第 15 段要編織耳朵的穿孔
所以只有這段起編為 5 針
這段收針時用長長針
中間的長編用長長針

緣編第 1 段結束後
加上細針 1 針

緣編收針

○	鎖針
×	短針
┬	長針
╪	長長針

中長針 3 針的
玉針

圍巾
×1